"十四五"职业教育国家规划教材

计算机网络技术

Jisuanji Wangluo Jishu

（第 4 版）

（计算机应用专业）

主　编　王协瑞

中国教育出版传媒集团

高等教育出版社·北京

内容提要

本书是"十四五"职业教育国家规划教材，依据教育部《中等职业学校计算机应用专业教学标准》中计算机网络技术课程教学基本要求，在第3版的基础上修订而成，编写过程中还参照了教育部考试中心颁发的全国计算机等级考试大纲。

本书针对职业教育的特点，突出基础性、先进性、实用性、操作性，注重对学生创新能力、创业能力、实践能力、自学能力等各种应用能力的培养。本书主要内容包括：计算机网络概述、数据通信基础、计算机网络技术基础、结构化布线系统、计算机网络设备、Internet 基础、网络安全与管理、局域网组建实例。全书各章配有习题和上机实习指导。

本书配套项目素材、教学课件等辅助教学资源，请登录高等教育出版社 Abook 新形态教材网（http：//abook.hep. com. cn）获取相关资源，详细使用方法见本书最后一页"郑重声明"下方的"学习卡账号使用说明"。

本书适合中等职业学校计算机应用专业及其他相关专业使用，也可作为各类计算机培训的教学用书及计算机考试的辅导用书。

图书在版编目（CIP）数据

计算机网络技术/王协瑞主编. --4 版. --北京：高等教育出版社，2021. 11（2024.12 重印）

ISBN 978-7-04-056903-2

Ⅰ.①计… Ⅱ.①王… Ⅲ.①计算机网络-中等专业学校-教材 Ⅳ.①TP393

中国版本图书馆 CIP 数据核字（2021）第 177468 号

策划编辑 俞丽莎　　　责任编辑 俞丽莎　　　封面设计 李小璐　　　版式设计 马　云
责任校对 高　歌　　　责任印制 高　峰

出版发行	高等教育出版社	网　址	http：//www.hep. edu. cn
社　址	北京市西城区德外大街 4 号		http：//www.hep. com. cn
邮政编码	100120	网上订购	http：//www.hepmall. com. cn
印　刷	北京汇林印务有限公司		http：//www.hepmall. com
开　本	889mm×1194mm　1/16		http：//www.hepmall. cn
印　张	12.75	版　次	2002 年 7 月第 1 版
字　数	260 千字		2021 年 11 月第 4 版
购书热线	010-58581118	印　次	2024 年 12 月第 8 次印刷
咨询电话	400-810-0598	定　价	34.80 元

第4版前言

随着数字化、网络化、智能化为特征的信息化浪潮蓬勃兴起，计算机网络保障的基础性、关键性作用愈发突出。党的二十大报告提出加快建设网络强国、数字中国，面对数字产业就业结构性矛盾和网络人才短缺等问题，职业教育需要培育更多高素质高技能网络人才。"计算机网络技术"已经成为广大职业院校计算机专业学生学习的一门重要课程，也是新时代人才要掌握的重要基本技能之一。计算机网络技术已经形成了比较完善的体系，普及到社会生产和人们的工作、学习和生活中，成为数字经济重要的技术基础。

本书是"十四五"职业教育国家规划教材《计算机网络技术》的第4版。《计算机网络技术》再版以来，受到了广大读者的欢迎。随着计算机网络技术发展的日新月异，中等职业教育的教学改革也不断深入，及时调整本书内容显得尤为必要。在进一步认真听取使用者意见的基础上，结合中等职业学校计算机网络课程的教学实际，我们对第3版教材进行了修正、补充、调整和完善。

本书在修订时，坚持立德树人根本任务，注重落实德技并修的基本要求，深入挖掘岗位、课程特色的思政元素，融岗位、知识、技术和思政于一体，充分发挥课程育人的作用。第4版的修订工作主要有以下几个方面：

（1）根据计算机网络技术发展情况，对部分内容进行了更新。

（2）增加了2018年以来计算机网络技术的新内容、新方法、新技术。

（3）对部分陈旧的内容进行了删减。

本书共分8章。第1章，"计算机网络概述"，讲述计算机网络的基本概念；第2章，"数据通信基础"，主要介绍与计算机网络有关的数据通信基本知识，包括数据基本概念、数据的传输方式、交换技术和差错检验等内容；第3章，"计算机网络技术基础"，主要介绍网络结构的基本知识、ISO/OSI参考模型及各层的主要功能和协议、TCP/IP网络模型和协议以及常见的网络类型；第4章，"结构化布线系统"，介绍综合布线系统的基础知识、设计、施工、调试和常用网络传输介质——双绞线和光缆的特点及应用；第5章，"计算机网络设备"，介绍最主要的几种网络设备的性能、用途和实现技术；第6章，"Internet基础"，介绍Internet的基础知识、应用技术和常用的接入方式；第7章，"网络安全与管理"，介绍网络管理技术、网络管理协议、网络安全技术的有关内容；第8章，"局域网组建实例"，通过家庭网、中小型办公局域网、无线局域网的组建实例，介绍网络建设的内容、方法和建设步骤，并对无线局域网的相关知识进行了系统介绍。

作为中等职业教育计算机应用专业的网络基础课程教材，本书涉及的理论知识较多。编者在编写时力求做到图文并茂、浅显易懂，在内容选择上充分考虑到中等职业学校的教学实际和学生的基本状况，在教材中突出实践性、应用性。本书配套学习指导书，本书的部分内容配备了实训。

本书配套项目素材、教学课件等辅助教学资源，请登录高等教育出版社 Abook 新形态教材网（http://abook.hep.com.cn）获取相关资源，详细使用方法见本书最后一页"郑重声明"下方的"学习卡账号使用说明"。

本书第 4 版的修订工作主要由王协瑞、李臻、王永杰、王艳、赵宪华和 360 政企安全集团李强完成，对于他们提出的宝贵意见，在此一并表示衷心感谢。

限于编者水平有限，教材中仍会有疏漏和不足之处，欢迎广大读者批评指正。编者联系方式：zz_dzyj@pub.hep.cn。

编　者
2023 年 6 月

第 1 版前言

依照教育部颁发的中等职业学校计算机及应用专业"计算机网络技术教学基本要求"，我们编写了中等职业学校计算机及应用和相关专业"计算机网络技术"课程的教材。

本书在编写上力求适应目前中职学校的教学特点，知识面宽、知识内容新，较大幅度地降低理论深度，内容强调实用性、实践性。教材内容的结构有利于知识的记忆、理解和运用。通过本书的学习，使学生掌握计算机网络的基础知识和实践技能，了解计算机网络的新技术、新产品、新方法，提高学生的理论水平、实践能力，体现中等职业学校的"素质为基础、能力为本位"的教学思想，并为学生学习其他课程打下基础，成为计算机网络技术方面的高素质劳动者和中初级应用型专门人才。

本书试图体现以下特点：

（1）紧跟网络技术的现状　网络技术的发展日新月异，中等职业学校培养人才的目标是应用型人才，为此本书汇集了目前计算机网络技术应用中最常用的概念、技术和方法，如 ISO/OSI 网络参考模型、TCP/IP 协议、数据传输控制方式、广域网技术等；传统教材中已过时的内容，如同轴电缆、网桥、网关、Novell 网等本书不再介绍；而将最前沿的"三网合一""防火墙""第三层交换""宽带网"等网络技术的基本内容以浅显易懂的方式使学生建立起概念。

（2）注重知识的连贯性和实践应用　在介绍一般性概念、原理的同时，尤其注重有关网络技术应用知识的连贯性和实践性，理论与实践相结合，符合学生学习规律，使学生对构造、维护网络的各个环节都有一个清晰的认识，并能够掌握通常情况下网络系统的实施和维护，真正做到学以致用。

（3）书中的习题都有明确的训练目标　每章后面的习题都有明确的训练目标，将其分为三类：

● 理论目标：巩固学习中的知识点，表现为按知识点的顺序进行概括复习；

● 理解目标：检查学习效果，表现为源于基础知识，是其知识点的扩充，以引导学生水平的提高，该类知识是让学生解决触类旁通的问题，帮助学生学会举一反三，以培养学生的应用能力；

● 创新目标：帮助学生独立研究、深入角色，建立团队合作的环境，使学生提高兴趣，初步树立创新意识，在独立处理问题的过程中培养能力。

本书灵活应用上述三种目标，并建立灵活的评价方法，能够方便教师在教学中制定不同的教学模式，达到在教学中培养学生创新精神及实践能力的目的。

（4）本书相对来讲理论性较强，在讲解过程中力求浅显易懂，使读者能快速掌握相关知识。例如，在介绍网络基本原理时，只讲述基本概念、基本原理；在介绍网络新技术时，只讲述其基本实现方法，了解网络新技术的发展方向，拓宽学生知识面。

本书共分九章：第一章计算机网络概述讲述计算机网络的基本概念；第二章数据通信基础主要介绍与计算机网络有关的数据通信基本知识，包括数据基本概念、数据的传输方式、交换技术和差错检验等内容；第三章计算机网络技术基础主要介绍网络结构的基本知识、ISO/OSI 参考模型及各层的主要功能和协议，TCP/IP 网络模型和协议以及常见的网络类型；第四章结构化布线系统介绍综合布线系统的基础知识、设计、施工、调试和常用网络传输介质——双绞线和光缆的特点及应用；第五章计算机网络设备介绍最主要的几种网络设备的性能、用途和实现技术；第六章 Internet 基础介绍 Internet 的基础知识、应用技术和常用的接入方式；第七章介绍网络管理技术、网络管理协议、网络安全技术的有关内容；第八章网络新技术简要介绍应用较为广泛的网络新技术的基本概念和基本原理；第九章网络建设实例通过一个校园网的建设方案介绍网络系统建设的内容、方法和建设步骤。

本书建议学时数为 72 学时。考虑到不同地域，不同类型的学校之间的差异，本书将部分章节列为选学内容，以"＊"标记。

本书第一章、第六章由郑娟执笔，第二章、第三章由王继水执笔，第四章、第七章、第八章由张磊执笔，第五章、第九章由王协瑞执笔，由王协瑞担任主编。

本书经全国中等职业教育教材审定委员会审定，由教育部聘请宋方敏担任责任主审，陈健、杨培根审稿，另外，高等教育出版社还聘请北京邮电大学罗红老师审读了全书，他们都提出了许多宝贵的建议，在此一并表示感谢。

限于编者水平，书中难免存在缺点和错误，敬请读者批评指正。

编　者

2002 年 1 月

目 录

第1章　计算机网络概述

党的十八大以来，"互联网+"深入百姓生活。全国一体化电子政务平台让小到生活缴费，大到企业开办可以掌上查、掌上办，让市民享受到更多便利；远程医疗会诊系统实现全覆盖，让患者在家门口就能享受优质医疗服务；互联网智慧教育平台让所有人连上网络就能享受到丰富的教育资源。了解计算机网络知识、掌握计算机网络技术已经成为信息时代生存的基本条件。

1.1　计算机网络的定义和发展历史

1.1.1　计算机网络的定义

在信息化社会中，计算机已从单一使用发展到群集使用。越来越多的应用领域需要计算机在一定的地理范围内联合起来进行群集工作，从而促进了计算机和通信这两种技术的紧密结合，形成了计算机网络。

计算机网络就是将分布在不同地理位置、具有独立功能的多台计算机及其外部设备，用通信设备和通信线路连接起来，在网络操作系统和通信协议及网络管理软件的管理协调下，实现资源共享、信息传递的系统。

从物理结构上看，计算机网络可看作在各方都认可的通信协议控制下，由若干拥有独立操作系统的计算机、终端设备、数据传输和通信控制处理机等组成的集合。

从应用和资源共享上看，计算机网络就是把地理上分散的、具有独立功能的计算机系统的资源，以能够相互共享的方式连接起来，以便相互间共享资源、传输信息。

也就是说，计算机网络是将分布在不同地理位置上的计算机通过有线的或无线的通信链路连接起来，不仅能使网络中的各个计算机（或称为节点）之间相互通信，而且还能通过服务器节点为网络中其他节点提供共享资源服务。所谓的网络资源包括硬件资源（例如大容量磁盘、光盘阵列、打印机等），软件资源（例如工具软件、应用软件等）和数据资源（例如数据文件和数据库等）。

对于用户来说，在访问网络共享资源时，可不必考虑这些资源所在的物理位置。

1.1.2　计算机网络的发展历史

在计算机发展的早期阶段，计算机所采用的操作系统多为分时系统，分时系统将主机时间分成片，给用户分配一定的时间片。分时系统允许每一个操作者通过只含显示器和键盘的哑终端来使用主机。哑终端很像微机，但它没有自己的 CPU、内存和硬盘。靠哑终端，成百上千的用户可以同时访问主机。由于时间片很短，会使用户产生错觉，以为主机完全为他所用。后来，为了支持远程用户和提高主机的使用效率，哑终端逐渐发展成为具有基本处理能力的脱机终端，脱机终端本身具有一定的处理能力，在它本身完成对用户下达的任务之后，以批处理的方式与主机通信，这样，开始有了网络的初步概念。

远程终端计算机系统是在分时计算机系统基础上，通过 Modem（调制解调器）和 PSTN（公用电话网）向地理上分散的许多远程终端用户提供共享资源服务的系统。这虽然还不能算是真正的计算机网络系统，但它是计算机与通信系统结合的最初尝试。远程终端用户似乎已经感觉到使用"计算机网络"的味道了。

在远程终端计算机系统基础上，人们开始研究把计算机和计算机通过 PSTN 等已有的通信系统互联起来。为了使计算机之间的通信连接可靠，建立了分层通信体系和相应的网络通信协议，于是诞生了以资源共享为主要目的的计算机网络。由于网络中计算机之间具有数据交换的能力，提供了在更大范围内计算机之间协同工作、实现分布处理甚至并行处理的能力，联网用户之间直接通过计算机网络进行信息交换的通信能力也大大增强。

1969 年 12 月，Internet 的前身——美国的 ARPA NET 投入运行，它标志着我们常称的计算机网络的诞生。这个计算机互联的网络系统是一种分组交换网。分组交换技术使计算机网络在概念、结构和网络设计方面都发生了根本性的变化，为后来的计算机网络打下了基础。

20 世纪 80 年代初，随着微机应用的推广，微机联网的需求也随之增大，各种基于微机互联的局域网纷纷出台。这个时期局域网系统的典型结构是在共享通信平台上的共享文件服务器结构，即为所有联网微机设置一台专用的可共享的网络文件服务器。每个微机用户的主要任务仍在自己的微机上运行，仅在需要访问共享磁盘文件时才通过网络访问文件服务器，体现了计算机网络中各计算机之间的协同工作。由于使用了比 PSTN 速率高得多的同轴电缆、光纤等高速传输介质，因此微机网上访问共享资源的速率和效率得到了大大提高。这种基于文件服务器的网络对网内计算机进行了分工：微机面向用户，服务器专用于提供共享文件资源。所以它实际上就是一种客户机/服务器结构。

计算机之间相互通信涉及许多复杂的技术问题。为实现计算机通信，计算机网络采用的是分层解决网络技术问题的方法。但是，由于存在不同的分层网络系统体系结构，它们的产品之间很难实现互联。为此，国际标准化组织（ISO）在 1984 年正式颁布了开放系统互连参考模型（OSI/RM），使计算机网络体系结构实现了标准化。

20 世纪 90 年代，计算机技术、通信技术以及建立在计算机和网络技术基础上的计算机网络技术得到了迅猛的发展。特别是 1993 年美国宣布建立国家信息基础设施（NII）后，全世界许多国家纷纷制定和建立本国的 NII，从而极大地推动了计算机网络技术的发展，使计算机网络进入了一个崭新的阶段。

进入 21 世纪以来，计算机网络不断向着综合化、宽带化、智能化和个性化等方向发展。高速的网络不但可以向用户提供视频、声音、图像、图形、数据和文本等综合服务，还能实现多媒体通信，极大地方便了人们的生活。随着网络技术的不断发展和各类电信牌照的发放，固定电话、移动电话、有线电视以及计算机和通信卫星等领域正在迅速融合，信息的获取、存储、处理和传输之间的"孤岛现象"随着计算机网络和多媒体技术的发展而逐渐消失。计算机网络已经由高新的信息技术转变为居民、企业、政府不可缺少的信息化基础设施，为人们的生产、生活、科研、教育提供了新的方式和模式。

1.2　计算机网络的功能和应用

1.2.1　计算机网络的功能

计算机网络的功能主要体现在以下几方面。

1. 实现计算机系统的资源共享

资源共享是计算机网络最基本的功能之一。用户所在的单机系统，无论硬件还是软件资源总是有限的。单机用户一旦连入网络，在操作系统的控制下，该用户就可以使用网络中其他计算机资源来处理自己提交的大型复杂问题；可以使用网上的高速打印机打印报表、文档，可以使用网络中的大容量存储器存放自己的数据信息。对于软件资源，用户可以使用各种程序、各种数据库系统等。

当今社会的发展，信息产业已成为国民经济中的重要产业，现代社会离不开科技信息、文化信息、经济信息，而计算机网络是加工处理信息的最有力的工具。随着计算机网络覆盖地域的扩大和网络的发展，信息交流与访问愈来愈不受地理位置和时间的限制。例如，连入Internet 的用户可以随时访问网上的各种信息、获取各种知识。

计算机网络使人们能对计算机软硬件和信息互通有无，大大提高资源的利用率，提高信息的处理能力，节省数据信息处理的平均费用。

2. 实现数据信息的快速传递

计算机网络是现代通信技术与计算机技术相结合的产物，分布在不同地域的计算机系统可以及时、快速地传递各种信息，极大地缩短不同地点计算机之间数据传输的时间。这对于股票和期货交易、电子邮件、网上购物、电子贸易是必不可少的传输平台。

3. 提高可靠性

在一个系统内，单个部件或计算机的暂时失效是可能发生的，因此只能通过改换资源的办法来维持系统的继续运行。建立计算机网络后，重要资源可通过网络在多个地点互做备份，并使用户可通过几条路由来访问网内某种资源，从而有效避免单个部件、计算机或通信链路的故障对用户访问的影响。

4. 提供负载均衡与分布式处理能力

负载均衡是计算机网络的一大特长。举个典型的例子：一个大型 ICP（Internet 内容提供商）为了支持更多的用户访问他的网站，在全世界多个地方放置了相同内容的 WWW 服务器；通过一定技术使不同地域的用户看到放置在离他最近的服务器上的相同页面，这样来实现各服务器的负载均衡，同时用户也获得了最快捷的访问路由。

分布式处理是将任务分散到网络中不同的计算机上并行处理，而不是集中在一台大型计算机上，使其具有解决复杂问题的能力。这样可以大大提高效率和降低成本。

5. 集中管理

对于那些地理位置上分散而事务需要集中管理的组织、部门，可通过计算机网络来实现集中管理。例如飞机、火车订票系统，银行通存通兑业务系统，证券交易系统，数据库远程检索系统，军事指挥决策系统等。由于业务或数据分散于不同的地区，而又需要对数据信息进行集中处理，单个计算机系统是无法完成任务的，此时就必须借助网络完成集中管理和信息处理。

6. 综合信息服务

网络的一大发展趋势是多维化，即在一套系统上提供集成的信息服务，包括来自政治、经济、生活等各方面的资源，同时还提供多媒体信息，例如图像、语音、动画等。

1.2.2　计算机网络的应用

计算机网络由于其强大的功能，已成为现代信息产业的重要支柱，被广泛地应用于现代生活的各个领域，下面从几个领域了解计算机网络的应用。

1. 办公自动化

随着时代的发展，人们已经不满足于用微机进行文字处理及文档管理，也不满足传真机、复印机等第一代办公自动化设备的使用，现在人们要求把同一个单位的微机、数字复印机、数字打印机等连成网络，可靠、高效地完成公文处理、会议管理、信息发布、车辆调度等各项业务。

2. 管理信息系统

对于现代化的企业，计算机网络的应用给现代管理信息系统提供了网络平台，企业内的各个子系统，例如计划统计、劳动人事、仓库设备、生产管理、财务管理及厂长经理查询子系统，可以在计算机网络上运行，网络可以实现各个子系统数据信息的共享和数据信息的传输，提高了企业的管理水平，企业信息化水平的不断提高都是以网络应用为基础的。

3. 过程控制

在现代化的工厂里，各生产车间的生产过程和自动化控制可以用网络来相互通信、交换数据，控制各种设备协调工作。这样，可以大大提高生产效率，提高产品质量，从而有效地增加效益。

4. Internet 应用

（1）电子邮件（E-mail）：电子邮件是 Internet 最早的应用之一，出现于 20 世纪 70 年代，20 世纪 90 年代中期以后，Internet 快速发展，使得电子邮件成为广大网络用户得心应手的网络交流方式之一。电子邮件具有方便、快速、费用低廉等优点，能够实现更为复杂、多样的服务，包括：一对多的发邮件，邮件的转发和回复，在邮件中包含声音、图像等多媒体信息等；人们还可以像订购报纸杂志一样在网上订购所需的信息，通过电子邮件定期送到自己的电子邮箱中。

（2）信息发布：随着 WWW 的飞速发展，越来越多的企业、政府、学校甚至个人都建立起了自己的网站（Web site），上网查询信息已经不仅仅是一种时尚，更是快速获得所需信息的重要手段。网上的信息越丰富，人们对上网获取信息的依赖就越强，网上信息发布的效果也就越明显。Internet 已经成为继报纸、广播、电视之后的"第四媒体"。

（3）电子商务（E-Commerce）：电子商务是因特网应用的第三阶段，是网络技术直接促进商品经济发展的最尖端应用。它包括 B–B（商业机构对商业机构）、B–C（商业机构对个人）、B–G（商业机构对政府）、C–C（个人对个人）等各种模式，电子商务为人们展示了一个全新、璀璨的世界。尽管电子商务的应用在安全、法律、技术等方面还存在很多问题，但它的全面应用是知识经济时代发展的必然趋势。

（4）远程音频、视频应用：计算机技术的发展及网络通信技术的长足进步使得跨地区甚至跨国界的声音、图像传递成为现实。例如，通过视频点播（VOD）服务，点播用户只要操作遥控器，主动点播，就能收看和欣赏节目库中自己喜爱的任何节目。远程音频、视频主要应用于 IP 电话、网上可视电话、远程多媒体教学、网上医院、影像传输等领域。

5. 互联网新技术及应用

（1）物联网：物联网（Internet of Things，IOT）即"万物相连的互联网"，是将各种信息传感设备与网络结合起来形成的网络，通过信息传感器、射频识别技术、全球定位系统、红外感应器、激光扫描器等各种装置与技术，实现物与物、物与人的泛在连接，实现对物品和过程的智能化感知、识别和管理。物联网通过智能感知、识别技术与普适计算等通信感知技术，广泛应用于网络的融合中，也因此被称为继计算机、互联网之后世界信息产业发展的第三次浪潮。

（2）云计算：云计算（Cloud Computing）是分布式计算的一种，指的是通过网络"云"将巨大的数据计算处理程序分解成无数个小程序，通过多部服务器组成的系统进行处理和分析这些小程序得到结果并返回给用户。在云计算环境下，用户观念从传统的"购买产品"转变为"购买服务"，用户直接面对不再是复杂的硬件和软件，而是最终的服务。云计算是通过网络按需提供可动态伸缩的廉价计算服务。云计算具有超大规模、虚拟化、高可靠性、通用性、高可扩展性、按需服务、成本低廉等特点，但其在安全性方面也存在潜在的危险。

（3）云存储：云存储也是属于云计算的范畴，也就是将用户的数据资源存放在网上。它是指通过集群应用、网格技术或分布式文件系统等功能，将网络中多种类型的存储设备通过应用软件集合起来协同工作，共同对外提供数据存储和业务访问功能的一个系统。用户可以不受时间和地域的影响，通过网络访问到自己所存储的数据。

（4）区块链：从科技层面来看，区块链涉及数学、密码学、互联网和计算机编程等很多科学技术问题。从应用视角来看，简单来说，区块链是一个分布式的共享账本和数据库，具有去中心化、不可篡改、全程留痕、可以追溯、集体维护、公开透明等特点。这些特点保证了区块链的"诚实"与"透明"，为区块链创造信任奠定基础。基于这些特征，区块链技术奠定了坚实的"信任"基础，创造了可靠的"合作"机制，具有广阔的运用前景。

（5）SDN：软件定义网络（Software Defined Network），是由美国斯坦福大学 clean-slate 课题研究组提出的一种新型网络创新架构，是网络虚拟化的一种实现方式。其核心技术 OpenFlow 通过将网络设备的控制面与数据面分离开来，从而实现了网络流量的灵活控制，使网络作为管道变得更加智能，为核心网络及应用的创新提供了良好的平台。

1.3　计算机网络的系统组成

计算机网络系统是指位于不同地点、具有独立功能的多个计算机系统，通过通信设备和线路互相连接起来，使用功能完整的网络软件来实现网络资源共享的系统。

　　计算机网络是由网络硬件系统和网络软件系统构成的。从拓扑结构看计算机网络是由一些网络节点和连接这些网络节点的通信链路构成的；从逻辑功能上看，计算机网络则是由资源子网和通信子网组成的。图 1-1 所示为计算机网络系统组成示意图。

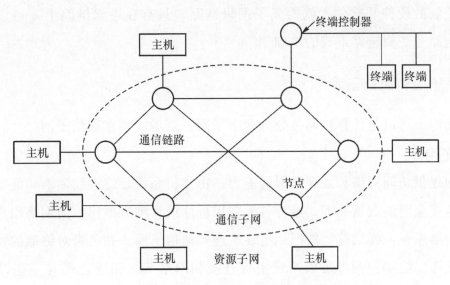

图 1-1　计算机网络系统组成示意图

1.3.1　网络节点和通信链路

1. 网络节点

　　计算机网络中的节点又称网络单元，一般可分为三类：访问节点、转接节点和混合节点。

　　访问节点又称端节点，是指拥有计算机资源的用户设备，主要起信源和信宿的作用，常见的访问节点有用户主机和终端等。

　　转接节点又称中间节点，是指那些在网络通信中起数据交换和转接作用的网络节点，这些节点拥有通信资源，具有通信功能。常见的转接节点有：集线器、交换机、路由器等。

　　混合节点也称为全功能节点，是指那些既可以作为访问节点又可以作为转接节点的网络节点。

　　一般情况下，网络节点具有双重性，既可以作为访问节点又可以作为转接节点。但有时为了使设备简化，从网络系统的整体出发，把网络中有些节点专门设成不具备转换功能的端节点，而有的节点则专门设计为只具有转换功能的中间节点。

2. 通信链路

　　通信链路是指两个网络节点之间传输信息和数据的线路。链路可用各种传输介质实现，例如双绞线、同轴电缆、光缆、卫星及微波等无线信道。

通信链路又分为物理链路和逻辑链路两类。物理链路是一条点到点的物理线路，中间没有任何交换节点。在计算机网络中，两台计算机之间的通路往往是由许多物理链路串结而成。逻辑链路是具备数据传输控制能力，在逻辑上起作用的物理链路。在物理链路上加上用于数据传输控制的硬件和软件，就构成了逻辑链路。只有在逻辑链路上才可以真正传输数据，而物理链路是逻辑链路形成的基础。

1.3.2 资源子网和通信子网

从逻辑功能上可以把计算机网络分为两个子网：资源子网和通信子网。

1. 资源子网

资源子网提供访问网络和处理数据的能力，由主机系统、终端控制器和终端组成。主机系统负责本地或全网的数据处理，运行各种应用程序或大型数据库，向网络用户提供各种软硬件资源和网络服务。终端控制器把一组终端连入通信子网，并负责对终端的控制及终端信息的接收和发送。终端控制器可以不经主机直接和网络节点相连。还有一些设备也可以不经主机直接和节点相连，例如有些打印机和大型存储设备等。图 1-1 中虚线以外为资源子网。

通过资源子网，用户可方便地使用本地计算机或远程计算机的资源。由于它将通信子网的工作对用户屏蔽起来，使得用户使用远程计算机资源就如同使用本地资源一样方便。

2. 通信子网

通信子网是计算机网络中负责数据通信的部分，主要完成数据的传输、交换以及通信控制。它由网络节点、通信链路组成。图 1-1 中虚线以内为通信子网。

采用通信子网后，可使每台入网主机不用去处理数据通信，也不用具有许多远程数据通信功能，而只需负责信息的发送和接收，这样就减少了主机的通信开销。另外，由于通信子网是按统一软硬件标准组建，可以面向各种类型的主机，方便了不同机型互联，减少了组建网络的工作量。

通信子网有两种类型。

（1）公用型：为公共用户提供服务并共享其通信资源的通信子网。基于同一个通信子网可组建多个计算机网络，例如公用计算机互联网（CHINANET）就属于公用型通信子网。

（2）专用型：专门为特定的一组用户构建的通信子网，例如各类金融银行网、证券网。

对于大多数小型网络，由于其传输距离有限，互联主机不多，所以并未采用通信子网和用户资源子网分工组网方式，而是使用一个统一的全网服务工作站，所有通信服务均由工作站处理，各主机通过网络适配器直接互联成网。

1.3.3 网络硬件系统和网络软件系统

计算机网络系统是由计算机网络硬件系统和网络软件系统组成的。

1. 网络硬件系统

网络硬件系统是指构成计算机网络的硬件设备,包括各种计算机系统、终端及通信设备。常见的网络硬件有以下几种。

(1)主机系统:主机系统是计算机网络的主体。按其在网络中的用途和功能的不同,可分为工作站和服务器两大类。

服务器是通过网络操作系统为网上工作站提供服务及共享资源的计算机设备。大多数服务器都是专用的,根据服务器在网络中用途的不同可分为文件服务器、数据库服务器、邮件服务器、打印服务器等。服务器是网络中最重要的资源,配置要求较高。

工作站是网络中用户使用的计算机设备,又称客户机。工作站是网络数据主要的发生场所和使用场所。用户主要是通过工作站来利用网络资源并完成自己的工作。工作站本身具有独立的功能,具有本地处理能力。工作站的配置要求较低,一般由普通微机担任。

(2)终端:终端不具备本地处理能力,不能直接连接到网络上,只能通过网络上的主机与网络相连发挥作用。常见的终端有显示终端、打印终端、图形终端等。

(3)传输介质:传输介质的作用是在网络设备之间构成物理通路,以便实现信息的交换。最常见的传输介质类型是同轴电缆、双绞线和光纤。

(4)网卡:网卡是提供传输介质与网络主机的接口电路,实现数据缓冲器的管理、数据链路的管理、编码和译码。

(5)集线器:集线器是计算机网络中连接多个计算机或其他设备的连接设备,是对网络进行集中管理的最小单元。集线器的主要功能是放大和中转信号,它把一个端口接收的全部信号向所有端口分发出去。

(6)交换机:交换机是用来提高网络性能的数据链路层设备,是一个由许多高速端口组成的设备,连接局域网网段或连接基于端到端的独立设备。如果把集线器中的数据传输理解成数据包根据红绿灯的控制穿过路口,那么交换机就可以相应地理解成没有红绿灯的立交桥。

(7)路由器:路由器是网络层的互联设备,路由器可以实现不同子网之间的通信,是大型网络提高效率、增加灵活性的关键设备。

(8)网关:网关是一种充当转换重任的计算机系统或设备,实现网络层以上的网络互连,不仅具有路由功能,而且能实现不同网络协议之间的转换。

2. 网络软件系统

网络软件主要包括网络操作系统、网络通信协议和各类网络应用系统。

（1）服务器操作系统：就是通常所说的网络操作系统（NOS），都是多任务、多用户的操作系统。它安装在网络服务器上，提供网络操作的基本环境。除具备常规操作系统的五大管理功能之外，网络操作系统还具有网络用户管理、网络资源管理、网络运行状况统计、网络安全性的建立、网络通信等其他网络服务管理功能。

常见的服务器操作系统有 Novell 公司的 NetWare、微软公司的 Windows 系列、UNIX 系列以及 Linux 系列等。

（2）工作站操作系统：由于网络中的工作站多为微机，所以工作站操作系统就是一般的微机操作系统。但网络工作站的操作系统要比一般传统的微机操作系统具有更强的网络功能，例如支持网络协议、具有命令重定向功能等。

常见的工作站操作系统有 Windows 系列及 UNIX 系列。

（3）网络通信协议：网络中计算机与计算机之间、网络设备与网络设备之间、计算机与网络设备之间进行通信时，双方只有遵循相同的通信协议才能实现连接，进行数据的传输，完成信息的交换。使用不同协议的计算机要进行通信，必须要经过中间协议转换设备的转换，才能实现通信。

网络通信协议就是实现网络协议规则和功能的软件，它运行在网络计算机和设备中，计算机通过使用通信协议访问网络。这些协议包括网间包交换协议（IPX）、传输控制协议/网际协议（TCP/IP）和以太网协议。

一般主流协议软件集成在操作系统中，用户安装操作系统的同时，就把协议软件安装在计算机中了，例如 Windows 系统中的 TCP/IP 协议。

（4）设备驱动程序：设备驱动程序是计算机系统专门用于控制特定外部设备的软件，它是操作系统与外部设备之间的接口。

网卡的驱动程序控制网卡的运行，并且为操作系统提供接口。计算机的操作系统和相关的应用软件可以通过驱动程序与网卡通信，并且可以进一步在网络上发送和接收信息。

（5）网络管理系统软件：网络管理系统软件（Network Management System，NMS）简称网管软件。网管软件是对网络运行状况进行信息统计、报告、警告、监控的软件系统。管理人员通过软件提供的界面全面监控网络设备的运行，对网络中出现的异常情况，网管系统会发出警告和报警信息，提示管理员做好预防和修复。

简单网络管理协议（SNMP）是 TCP/IP 协议簇中提供管理功能的协议，SNMP 通常作为一个组织网络管理的基础。

（6）网络安全软件：数据在网络上传输常常暴露在各种危险之中，例如黑客、病毒等，为抵御这些威胁，保证网络安全运行，系统管理员必须检验和评估各种可选择的网络安全措施，这些措施可以是基于硬件或软件的，也可以是政策法规。网络安全软件有多种形式，例如防火墙软件等，它们可以防止网络故障的发生，还能防止一个机构的私有信息被损坏。

（7）网络应用软件：是指在网络环境下开发出来的供用户在网络上使用的应用软件。例如网络浏览器 Internet Explorer 以及用户基于本地网络开发的应用软件。

1.4 计算机网络的分类

从不同角度，按照不同的属性，计算机网络可以有多种分类方式。下面介绍几种常见的分类。

1.4.1 按计算机网络覆盖范围分类

由于网络覆盖范围和计算机之间互联距离不同，所采用的网络结构和传输技术也不同，因而形成不同的计算机网络。一般可以分为三种类型。

1. 局域网

局域网（Locate Area Network，LAN）是网络地理覆盖范围有限，大约在几百米至几千米，覆盖范围一般是一个部门、一栋建筑物、一个校园或一个公司。局域网组网方便、灵活，传输速率较高。

2. 广域网

广域网（Wide Area Network，WAN）也称远程网，作用范围大约在几十千米至几千千米。它可以覆盖一个国家或地区，甚至可以横跨几个洲，形成国际性的远程网。广域网内用于通信的传输装置和介质，一般是由电信部门提供，网络由多个部门或多个国家联合组建而成，网络规模大，能实现较大范围的资源共享。因特网就是典型的广域网。

3. 城域网

城域网（Metropolitan Area Network，MAN）是在一个城市范围内所建立的计算机通信网。城域网传输介质主要采用光纤，传输速率在 100 Mbps 以上。城域网的设计目标常常要满足一个城市范围内大量的企业、公司、机关、学校、住宅区等多个局域网互联的需求。

1.4.2 按计算机网络拓扑结构分类

把网络中的计算机及其他设备隐去其具体的物理特性，抽象成"点"，通信线路抽象为"线"，由这些点和线组成的几何图形称为网络的拓扑结构。也就是说拓扑结构就是网络节点在物理分布和互联关系上的几何构形。按计算机网络的拓扑结构可将网络分为：星状网、环状网、总线型网、树状网、网状网等，如图 1-2 所示。有关内容将在第 3 章详细描述。

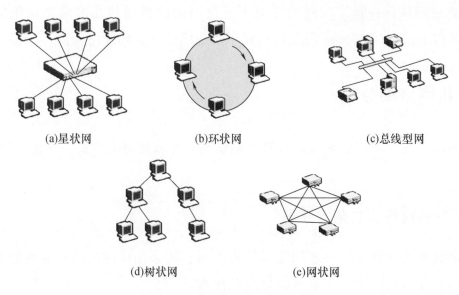

图 1-2 网络各种拓扑结构示意图

1.4.3 按网络的所有权划分

1. 公用网

由电信部门组建，由政府和电信部门管理和控制的网络，例如 CHINANET。社会集团用户或公众可以租用，例如我国已建立了数字数据网（DDN）、公共电话网（PSTN）、X.25、帧中继（FR）等。

2. 专用网

也称私用网，一般为某一组织组建，该网一般不允许系统外的用户使用。例如银行、公安、铁路等建立的网络是本系统专用的。

1.4.4 按照网络中计算机所处的地位划分

1. 对等网络

在计算机网络中，倘若每台计算机的地位平等，都可以平等地使用其他计算机内部的资源，每台计算机磁盘上的空间和文件都成为公共资源，这种网络就称为对等局域网（Peer to Peer LAN），简称对等网。对等网计算机资源这种共享方式将会导致计算机的速度比平时慢，但对等网非常适合小型的、任务轻的局域网，例如在普通办公室、家庭、游戏厅、学生宿舍内建立的小型 LAN。

2. 客户机/服务器模式

如果网络所连接的计算机较多，例如 10 台以上，且共享资源较多时，就需要考虑专门设立一个计算机来存储和管理需要共享的资源。这台计算机称为文件服务器，其他的计算机称为客户机，客户机里硬盘的资源就不必与他人共享。如果想与某人共享一份文件，就必须先把文件从客户机复制到文件服务器上，或者一开始就把文件安装在服务器上，这样其他客户机上的用户才能访问到这份文件。这种网络称为客户机/服务器（Client/Server）网络。

小　　结

本章首先学习了计算机网络的定义，无论从哪个角度表述网络的概念，实际都应涵盖这四个特征：计算机网络必须具有共享能力；互联的计算机应是有独立能力的计算机；必须具备用于网络管理和控制的一系列网络协议；通信网的功能、结构的变化将直接影响计算机网络的功能和结构。

计算机网络的发展从最开始的面向终端的网络，到分组网络的出现，到网络体系结构和协议的标准化，以及到以高速化、综合性为标准的网络，共经历了四代的不断发展与演化。

这一章中还介绍了计算机网络的功能和应用，并从不同的角度分析了计算机网络系统的组成。介绍了通信子网和用户资源子网两个重要概念，并列举了一系列构成计算机网络的硬件、软件系统，对它们的功能进行了简单扼要的介绍。

事物往往有多种属性，因此对某一事物的分类也就有多种方式。在这一章里，对计算机网络的分类也是如此，分别从网络覆盖范围、拓扑结构及网络模型三个角度对网络进行了分类介绍，这样就可以从不同的角度更好地理解计算机网络。

习　　题

1. 什么是计算机网络？它有哪些功能？
2. 试举几个计算机网络应用的实例。
3. 论述通信子网和用户资源子网的关系。
4. 典型的计算机网络拓扑结构包括哪几种？各自的特点是什么？试画图说明。
5. 计算机网络软件系统包括哪些常见软件？它们各有什么作用？
6. 计算机网络硬件系统包括哪些主要硬件？它们的用途分别是什么？

第 2 章　数据通信基础

数据通信技术的发展与计算机网络技术密切相关，是促进计算机网络技术发展的重要因素之一。网络应用的基础是数据通信，掌握数据通信的基本原理将为理解和掌握网络知识打下基础。

本章介绍与计算机网络有关的数据通信基本知识，主要内容包括数据通信的基本概念、数据传输方式、交换技术和差错控制检验等。

2.1　数据通信的基本概念

数据通信是两个实体间的数据传输和交换，在计算机网络中占有十分重要的地位，它是通过各种不同的方式和传输介质，把处在不同位置的终端和计算机，或计算机与计算机连接起来，从而完成数据传输、信息交换和通信处理等任务。

2.1.1　信息和数据

1. 信息

信息是对客观事物的反映，可以是对物质的形态、大小、结构、性能等全部或部分特性的描述，也可以表示物质与外部的联系。信息有各种存在形式，例如数字、文字、声音、图形和图像等。

2. 数据

信息可以用数字的形式来表示，数字化的信息称为数据。数据是信息的载体，信息则是数据的内在含义或解释。

一般来说，有两种类型的数据。为了确切地表示信息，数据有时是一些连续值，有时取离散值，例如声音的强度、灯光的亮度等都可以连续变化，而成绩、名次等的取值都是离散值。取连续值的数据称为模拟数据，取离散值的数据称为数字数据。计算机中的信息都是用数字形式来表示的。通常这里所说的数据都是指数字数据。

2.1.2 信道和信道容量

1. 信道

信道是传送信号的一条通道，可以分为物理信道和逻辑信道。物理信道是指用来传送信号或数据的物理通路，由传输介质及其附属设备组成。逻辑信道也是指传输信息的一条通路，但在信号的收、发节点之间并不一定存在与之对应的物理传输介质，而是在物理信道基础上，由节点设备内部的连接来实现。

信道按使用权限可分为专业信道和共用信道；按传输介质可分为有线信道、无线信道和卫星信道；按传输信号的种类可以分为模拟信道和数字信道等。

2. 信道容量

信道容量是指信道传输信息的最大能力，通常用信息速率来表示。单位时间内传送的比特数越多，则信息的传输能力也就越大，表示信道容量越大。信道容量由信道的频带（带宽）、可使用的时间及能通过的信号功率和噪声功率决定。信道容量的表达式如下

$$C = B\log_2(1+S/N)$$

式中，B 为信道带宽（Hz）；S 为接收端信号的平均功率（W）；N 为信道内噪声平均功率（W）；C 为信道容量，即极限传输速率（bps）。

上式说明，当信号和噪声的平均功率给定后，即 S 和 N 已知后，且在信道带宽一定的条件下，在单位时间内所能传输的最大信息量就是信道的极限传输能力。

2.1.3 码元和码字

在数字传输中，有时把一个数字脉冲称为一个码元，是构成信息编码的最小单位。将计算机网络传送中的每 1 位二进制数字称为"码元"或"码位"。例如二进制数字 1000001 是由 7 个码元组成的序列，通常称为"码字"。在 7 位 ASCII 码中，这个码字就是字母 A。

2.1.4 数据通信系统主要技术指标

1. 比特率

比特率是一种数字信号的传输速率，它表示单位时间内所传送的二进制代码的有效位（bit）数，单位用比特每秒（bps）或千比特每秒（kbps）表示。

2. 波特率

波特率是一种调制速率，也称波形速率。它是针对在模拟信道上进行数字传输时，从调制解调器输出的调制信号，每秒钟载波调制状态改变的次数。或者说，在数据传输过程中，线路上每秒钟传送的波形个数就是波特率，其单位为波特（Baud）。

3. 误码率

误码率指信息传输的错误率，也称错误率，是数据通信系统在正常工作情况下，衡量传输可靠性的指标。当传输的总量很大时，在数值上它等于出错的位数与传送的总位数之比。误码率 P_e 可用下式表示

$$P_e = N_e / N$$

式中，N 是传送的总位数；N_e 是出错的位数。

在数据通信系统中，可以采用各种差错控制技术对出现的差错进行检查和纠正，如果误码率过高，就会极大地降低数据通信的效率。

4. 吞吐量

吞吐量是单位时间内整个网络能够处理的信息总量，单位是字节/秒或位/秒。在单信道总线型网络中：吞吐量＝信道容量×传输效率。

5. 信道的传播延迟

信号在信道中传播，从信源端到达信宿端需要一定的时间，这个时间称为传播延迟（或时延）。这个时间与信源端和信宿端之间的距离有关，也与具体信道中的信号传播速度有关。在共享信道型的局域网（例如以太网）中，信号的这种传播延迟是一个重要参数。时延的大小与采用哪种网络技术有很大关系。

2.1.5　带宽与数据传输速率

1. 信道带宽

信道带宽是指信道所能传送的信号频率宽度，它的值为信道上可传送信号的最高频率与最低频率之差。带宽越大，所能达到的传输速率就越大，所以信道的带宽是衡量传输系统的一个重要指标。例如，若一条传输线路可以接受 600~2 200 Hz 的频率，则该传输线的带宽是 1 600 Hz（2 200 Hz-600 Hz）。普通电话线路的带宽一般为 3 000 Hz。

2. 数据传输速率

数据传输速率是指单位时间内信道内传输的信息量，即比特率。一般来说，数据传输速率的高低由传输每 1 位数据所占时间决定，传输每 1 位数据所占时间越小，则传输速率越高。

一般情况下，数据传输速率 S 可以用下式表示

$$S = B \log_2 N$$

式中，B 是数字信号的脉冲频率，即波特率；N 是调制电平数。

只有码元取 0 和 1 两种离散状态值的时候（即 $N=2$ 时），脉冲频率才等于数据传输速率。如果一个码元可以取更多的离散值，例如当 $N=4$ 时，$\log_2 N=2$，一个码元携带的信息量为 2 比特，此时 $S=2\times B$，数据传输速率就相应成倍地提高。所以，在每秒发送的单位脉冲数一定的情况下，可以用一个码元表示更多的比特数（也就是提高码元所携带的信息量）来提高数据传输速率。

2.2 数据传输方式

在数据通信系统中，通信信道为数据的传输提供了各种不同的通路。对应于不同类型的信道，数据传输采用不同的方式。

2.2.1 数据通信系统模型

数据通信系统的一般结构模型如图 2-1 所示，它是由数据终端设备（DTE）、数据线路端接设备（DCE）和通信线路等组成。

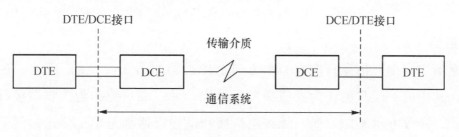

图 2-1 数据通信系统的一般结构

1. 数据终端设备

数据终端设备（Data Terminal Equipment，DTE）是指用于处理用户数据的设备，是数据通信系统的信源和信宿。因为这种设备代表通信链路的端点，所以称为数据终端设备。在计算机网络中，它是资源子网的主体，通常的 DTE 就是一台计算机（从微机到大型机），但也可以是终端或其他具有数据处理功能的设备。虽然 DTE 具有较强的通信处理能力和一定的发送和接收数字信息的能力，但它所发出的信号通常并不能直接送到网络的传输介质上，而是要借助 DCE 才能实现。

2. 数据线路端接设备

数据线路端接设备（Data Circuit Terminating Equipment，DCE）又称为数据通信设备（Data Communication Equipment），是介于 DTE 与传输介质之间的设备，用于将 DTE 发出的数字信号转换成适合在传输介质上传输的信号形式，并将它送至传输介质上；或者将从传输介质上接收的远端信号转换为计算机能接收的数字信号形式，并送往计算机，例如 Modem 等。

2.2.2　数据线路的通信方式

根据数据信息在传输线上的传送方向，数据通信方式有单工通信、半双工通信和全双工通信三种，如图 2-2 所示。

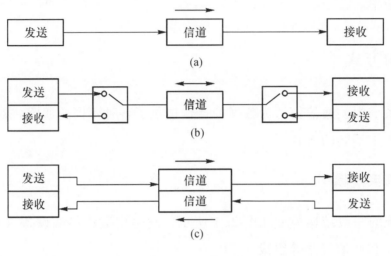

图 2-2　通信方式

1. 单工通信

在单工通信方式中，信息只能在一个方向上传送，如图 2-2（a）所示。在进行通信的两个节点中，其中的一端只能作为发送端发送数据，另一端只能作为接收端接收数据，即发送方不能接收，接收方也不能发送。无线电广播和电视广播都是单工传送的例子。

2. 半双工通信

半双工通信的双方可交替地发送和接收信息，但不能同时发送和接收，如图 2-2（b）所示。在半双工通信方式中，通信双方都具有发送和接收功能，并具有双向传送信息的能力，但只需要一条传输线路，一端发送时，另一端只能接收。这种通信方式所需要的设备比单工方式复杂，但比全双工方式简单，在要求不高的场合，多采用这种方式。例如航空和航海的无线电台和对讲机等，都是采用这种方式的。

3. 全双工通信

全双工通信的双方可以同时进行双向的信息传输，如图 2-2（c）所示。在全双工通信方式中，通信的双方必须都具有同时发送和接收的能力，并且需要两个信道分别传送两个方向上的信号，每一端在发送信息的同时也在接收信息。这种通信方式的性能最好，所需要的设备最复杂，实现的成本也最高。但随着技术的进步，全双工通信方式已在计算机网络中得到广泛应用。

2.2.3　数据传输方式

按照数据在传输线上是原样不变地传输还是调制变样后再传输，数据传输方式可分为基带传输、频带传输和宽带传输等。

1. 基带传输

在数据通信中，表示计算机中二进制数据比特序列的数字数据信号是典型的矩形脉冲信号。人们把矩形脉冲信号的固有频带称为基本频带，简称基带。这种矩形脉冲信号就称为基带信号。在数字信道上，直接传送基带信号的方法，称为基带传输。

在基带传输中，发送端将计算机中的二进制数据（非归零编码）经编码器变换为适合在信道上传输的基带信号，例如曼彻斯特编码等；在接收端，由解码器将收到的基带信号恢复成与发送端相同的数据。

基带传输是一种最基本的数据传输方式，一般用在较近距离的数据通信中。在计算机局域网中，主要就是采用这种传输方式。

2. 频带传输

基带传输要占据整个线路能提供的频率范围，在同一个时间内，一条线路只能传送一路基带信号。为了提高通信线路的利用率，可以用占据小范围带宽的模拟信号作为载波来传送数字信号。例如，使用调制解调器将数字信号调制在某一载波频率上。这样，一个较小的频带宽度就可以供两个数据设备进行通信，线路的其他频率范围还可用于其他数据设备通信。所谓频带传输，就是将代表数据的二进制信号，通过调制解调器，变换成具有一定频带范围的模拟数据信号进行传输，传输到接收端后再将模拟数据信号解调还原为数字信号。

常用的频带调制方式有频率调制、相位调制、幅度调制和调幅加调相的混合调制方式。频带传输克服了电话线上不能直接传送基带信号的缺点，提高通信线路的利用率，尤适用于远距离的数字通信。

3. 宽带传输

在同一信道上，宽带传输系统既可以进行数字信息服务也可以模拟信息服务。计算机局域网采用的数据传输系统有基带传输和宽带传输两种方式，基带传输和宽带传输的主要区别在于数据传输速率不同。一个宽带信道能被划分为许多个逻辑信道，从而可以将各种声音、图像和数据信息传输综合在同一个物理信道中进行。

2.3 数据交换技术

在计算机网络中，传输系统的设备成本很高，所以当通信用户较多而传输的距离较远时，通常采用交换技术，使通信传输线路为各个用户所共用，以提高传输设备的利用率，降低系统费用。通常使用三种交换技术：电路交换、报文交换和分组交换。

2.3.1 电路交换

在电路交换（Circuit Exchanging）方式中，通过网络节点（交换设备）在工作站之间建立专用的通信通道，即在两个工作站之间建立实际的物理连接。电话系统就是这种方式。通信过程可分为三个阶段：电路建立阶段、数据传输阶段和拆除电路连接阶段。

电路交换的特点是：

（1）电路交换中的每个节点都是电子式或电子机械式的交换设备，它不对传输的信息进行任何处理。

（2）数据传输开始前必须建立两个工作站之间实际的物理连接，然后才能通信。

（3）通道在连接期间是专用的，线路利用率较低。

（4）除链路上的传输延时外，不再有其他的延时，在每个节点的延时是很小的。

（5）整个链路上有一致的数据传输速率，连接两端的计算机必须同时工作。

电路交换的主要优点是实时性好，由于信道专用，通信速率较高；缺点是线路利用率低，不能连接不同类型的线路组成链路，通信的双方必须同时工作。采用计算机化交换机（CBX）为核心组成的计算机网络就是采用电路交换方式的。

2.3.2 报文交换

报文交换（Message Exchanging）与电路交换不同，它采取的是"存储—转发"（Store-and-Forward）方式，不需要在通信的两个节点之间建立专用的物理线路。数据以报文（Message）的方式发出，报文中除包括用户要传送的信息外，还有源地址和目的地址等信息。报文从源节点发出后，要经过一系列的中间节点才能达到目的节点。各中间节点收到报文后，先暂时存储起来，然后分析目的地址、选择路由并排队等候，待需要的线路空闲时才将它转发到下一个节点，并最终达到目的节点。

报文交换方式与电路交换相比，具有如下优点：

（1）线路利用率较高，因为一个"节点—节点"的信道可被多个报文共享。

（2）接收方和发送方无须同时工作，在接收方"忙"时，网络节点可暂存报文。

（3）可同时向多个目的站发送同一报文，这在电路交换方式中是难以实现的。

（4）能够在网络上实现报文的差错控制和纠错处理。

（5）报文交换网络能进行速度和代码转换。由于每个工作站以自己适当的数据传输速率接到节点上，所以两个数据传输速率不同的工作站也可以相互通信。报文交换网络还可以实现代码格式的转换。这些特性都是电路交换所不具备的。

报文交换的主要缺点是网络的延时较长且变化比较大，因而不宜用于实时通信或交互式的应用场合。

2.3.3 分组交换

分组交换（Packet Exchanging）也属于"存储—转发"交换方式，但它不是以报文为单位，而是以长度受到限制的报文分组（Packet）为单位进行传输交换的。分组的最大长度一般规定为一千到数千比特。进行分组交换时，发送节点先要对传送的信息分组，每个分组中的数据长度不一定相同，但都必须小于规定的最大长度。还要对各个分组编号，加上源地址和目的地址以及约定的头和尾等其他控制信息。这个分组的过程称为信息打包。分组也称为信息包，分组交换有时也称为包交换。

分组在网络中传输，还可以分为两种不同的方式：数据报和虚电路。

1. 数据报（Data Gram）

这种方式有点像报文交换。报文被分组后，在网络中的传播路径是完全根据当时的通信状况来决定的。由于报文被分成许多组，而每一组的传输路径又依赖于当时的通信状况，所以每一组报文的传输路径可能会不同。但由于每组报文都含有相同的目的地址，所以它们最终都会到达相同的地方。有些比较早发出的分组可能会由于在路上遇到"交通堵塞"而受到延误，比后面发出的分组晚到达目的地，因此，目的主机必须对所接收到的报文分组进行排序才能够拼接出原来的信息。

数据报传输分组交换方式的优点是：对于短报文数据，通信传输速率比较高，对网络故障的适应能力强；而它的缺点是传输时延较大，时延离散度大。

2. 虚电路（Virtual Circuit）

所谓虚电路就是两个用户的终端设备在开始互相发送和接收数据之前，需要通过通信网络建立逻辑上的连接。

一旦这种连接建立后，就在通信网保持已建立的数据通路，用户发送的数据（分组）将按顺序通过新建立的数据通路到达终点，而当用户不需要发送和接收数据时可清除这种连接。这种方式有点像电路交换，它要求在发送端和接收端之间建立一条逻辑连接。与电路交换不同的是，它选定了特定路径进行传输，但是不意味着别人不能再使用这条逻辑通路了。虚电路的标志号只是一条逻辑信道的编号，而不是指一条物理线路本身。一条同样的物理线路可能被定为许多逻辑信道编号。

虚电路传输分组交换的优点是：对于数据量较大的通信传输速率高，分组传输延时短，且不容易产生数据分组丢失。而它的缺点是：对网络的依赖性较大。

由以上所述可知，分组交换有传输质量高、误码率低、能选择最佳路径、节点电路利用率高、传输信息有一定时延、适宜于传输短报文等特点。

2.3.4 信元交换技术

信元交换技术是指异步传输模式（Asynchronous Transfer Mode，ATM），它是一种面向连接的交换技术，它采用小的固定长度的信息交换单元（信元），话音、视频和数据都可由信元的信息域传输。它综合吸取了分组交换高效率和电路交换高速率的优点，针对分组交换速率低的弱点，利用电路交换完全与协议处理无关的特点，通过高性能的硬件设备来提高处理速度，以实现高速化。因此也可以说，ATM 技术是在克服了分组交换和电路交换方式局限性的基础上产生的。ATM 技术十分复杂，但对有更高带宽要求和高级服务质量（QoS）需求的用户，ATM 是一种广域网主干线的较好选择。

ATM 模型分为三个功能层：ATM 物理层、ATM 层和 ATM 适配层。ATM 物理层控制数据位在物理介质上的发送和接收。另外，它还负责跟踪 ATM 信号边界，将 ATM 信元封装成类型和大小都合适的数据帧。物理层之上是 ATM 层，主要负责建立虚连接并通过 ATM 网络传送 ATM 信元。ATM 层之上是 ATM 适配层，主要任务是在上层协议处理所产生的数据单元和 ATM 信元之间建立一种转换关系。同时适配层还要完成数据包的分段和组装。

ATM 是面向连接的交换技术，通信两端在传递数据之前首先要建立连接，连接建立之后，数据就从应用层向下传递到 ATM 适配层，适配层将高层的应用数据分成 48 B 的定长段，并适配到底层的 ATM 服务上。ATM 标准化组织 ATM Forum 已经定义了若干不同的 ATM 适配层类型，用于提供不同的 ATM 服务。数据以 48 B 的定长段的形式传递到 ATM 层后，ATM 层添加 5 B 的信元头，构成一个 53 B 的信元，随后信元通过物理层传递到目的端，物理层接口可以采用多种不同的链路技术。数据到达目的端后，目的端的适配层将 48 B 的定长段再进行组装，向高层上传递。在交换通路的每一个中间节点上，单个信元都是根据信元头的内容进行交换的，交换过程采用了标记交换的机制。

4 种交换技术的比较：

（1）对于交互式通信来说，报文交换是不合适的。

（2）对于较轻的间歇式负载来说，电路交换是最合适的，因为可以通过电话拨号线路来使用公用电话系统。

（3）对于两个站之间很重的和持续的负载来说，使用租用的电路交换线路是最合适的。

（4）当有一批中等数量数据必须交换到大量的数据设备时，宁可用分组交换方法，这种技术的线路利用率是最高的。

（5）数据报分组交换适用于短报文和具有灵活性的报文。

（6）虚电路分组交换适用于大批量数据交换和减轻各站的处理负担。

（7）信元交换适用于对带宽要求高和对服务质量要求高的应用。

2.4 差错检验与校正

计算机网络的基本要求是高速而且无差错的传输数据信息，而通信系统主要由一个个物理实体组成。一个物理实体从制造、装配等都无法达到理想的理论值，而且通信系统在运作中，也会受到周围环境的影响，因此，一个通信系统无法做到完美无缺，需要考虑如何发现和纠正信号传输中的差错。

　　数据传输中出现差错有多种原因，一般分成内部因素和外部因素：内部因素有噪声脉冲、脉动噪声、衰减、延迟失真等；外部因素有电磁干扰、太阳噪声、工业噪声等。为了确保无差错传输数据，必须具有检错和纠错的功能。

2.4.1　奇偶校验

　　奇偶校验是一种最简单的检错方法。例如，在传输 ASCII 字符时，每个 ASCII 字符用 7 位表示，最后加上一个奇偶校验位总共成为 8 位。对于奇校验来说，最后加上的奇偶位校验使整个 8 位中的 1 的个数为奇数。例如发送 1110001，采用奇校验时，奇偶位校验为 1，即传输 11100011。接收器检查接收到的数据的 1 的个数为奇数，就认为无错误发生。采用奇偶校验时，若其中 2 位同时发生错误，则会发生没有检测出错误的情况。因此对于高数据传输率或者噪声持续时间较长的情况，由于可能发生多位出错，奇偶校验就不适用了。

2.4.2　循环冗余码校验

　　奇偶校验作为一种检验码虽然简单，但是漏检率太高。在计算机网络和数据通信中用得最广泛的检错码，是一种漏检率低得多也便于实现的循环冗余码。循环冗余校验（Cyclic Redundancy Check，CRC）是一种较为复杂的校验方法，又称多项式码。这种编码对随机差错和突发差错均能以较低的冗余度进行严格的检查，有很强的检错能力。它是利用事先生成的一个多项式 $g(x) = x^{16} + x^{12} + x^5 + 1$ 去除要发送的信息多项式 $m(x)$，得到余式就是所需的循环冗余校验码，它相当于一个 16 位长的双字符。它是在要传送的信息位后附加若干校验位。发送时，将信息码和冗余码一同传送至接收端。接收时，先对传送来的码字用发送时的同一多项式去除，若能除尽说明传输正确；否则，证明出错。循环冗余校验码的纠错能力与校验码的位数有关，校验码位数多，检错能力就强。此外，产生循环冗余校验码的规则也影响检错能力，这里不再赘述。

小　　结

　　本章主要介绍了数据通信的一些基本知识，为学习后面的计算机网络知识打下基础。

　　首先讲述了数据通信的一些基本概念，包括数据通信的基本术语、数据传输方式、数据通信类型和数据通信系统的主要技术指标，对数据传输技术有个基本了解。

　　在讲解数据交换技术时，不仅介绍了电路交换、报文交换和分组交换三种交换方式的基本工作原理，还对它们之间的优缺点进行了比较。

　　由于数据通信系统中的数据传输可能存在差错，如何理解数据传输的差错、更好地控制差错，这都是数据传输中必须解决的重要问题。本章对这个问题做了简单的讲解，并说明了两种差错校验方法：奇偶校验和循环冗余码校验。

习 题

一、选择题

1. 计算机网络通信中传输的是_____。

    A. 数字信号   B. 模拟信号

    C. 数字或模拟信号   D. 数字脉冲信号

2. 计算机网络通信系统是_____。

    A. 数据通信系统   B. 模拟信号系统

    C. 信号传输系统   D. 电信号传输系统

3. _____是信息传输的物理通道。

    A. 信号   B. 编码

    C. 数据   D. 介质

4. 利用调制解调器将二进制信号转换为模拟信号，再在接收端将模拟信号解调为数字信号的数据传输方式是_____。

    A. 基带传输   B. 频带传输

    C. 宽带传输   D. 并行传输

5. 在传输过程中，接收和发送共享同一信道的方式称为_____。

    A. 单工   B. 半双工

    C. 双工   D. 自动

6. 在数据传输中，_____的传输延迟最小。

    A. 电路交换   B. 分组交换

    C. 报文交换   D. 信元交换

7. 分组交换还可以进一步分成_____和虚电路两种交换类型。

    A. 永久虚电路   B. 数据报

    C. 呼叫虚电路   D. 包交换

8. 在数据传输中，需要建立连接的是_____。

    A. 电路交换   B. 报文交换

    C. 信元交换   D. 数据报交换

9. 数据在传输过程中出现偏差的外部原因不包括_____。

    A. 电磁干扰   B. 工业噪声

    C. 噪声脉冲   D. 太阳噪声

二、简答题

1. 什么是信息、数据？试举例说明它们之间的关系。

2. 什么是信道？常用的信道分类有几种？

3. 什么是比特率？什么是波特率？试举例说明两者之间的联系和区别。

4. 什么是带宽、数据传输速率与信道容量？有何异同？

5. 何谓单工、半双工和全双工通信？试举例说明它们的应用场合。

6. 在数据通信系统中，常用数据传输方式有哪几种？简述它们的基本原理。

7. 在计算机网络中，数据交换的方式有哪几种？各有什么优缺点？

8. 何谓虚电路？何谓数据报？

9. 在数据通信系统中，如何进行差错控制？

第3章　计算机网络技术基础

　　计算机网络是由各种类型的计算机系统和各类终端通过通信线路连接起来的复合系统，它们具有不同的功能而又相互作用。对网络的设计者与建设者来说，了解它的逻辑功能和层次结构，对各种网络的设计、建设与应用是必要的。只有使被研究的系统抽象化和模型化，才能详细了解和彻底掌握计算机网络体系，才能使计算机网络得到广泛的应用。

　　本章主要介绍网络结构的基本知识，ISO/OSI 参考模型及各层的主要功能和协议、TCP/IP 网络模型和协议简介以及常见的一些网络类型等。

3.1　计算机网络的拓扑结构

　　掌握网络拓扑结构的基本原理，就可以设计出一个布局良好、性能优越的网络。本节在描述一般网络拓扑结构的基础上，介绍几种常见的网络拓扑结构类型，以及拓扑结构的选择原则。

3.1.1　计算机网络的拓扑结构

　　拓扑学（Topology）是一个数学概念，它是几何学的一个分支，是从图论演变而来的。拓扑学把实体抽象成与其大小、形状无关的点，将连接实体的线路抽象成线，进而研究点、线、面之间的关系。为进一步分析网络单元彼此互联的形状与其性能的关系，采用拓扑学的方法，把网络单元定义为节点，两节点间的连线称为链路。这样，从拓扑学观点看，计算机网络则是由一组节点和链路组成。网络中共有三类节点：转接节点、访问节点和混合节点。集中器、交换机、路由器等属于转接节点，它们在网络中只是转换和交接所传送的信息；主机和终端等是访问节点，它们是信息交换的源节点和目标节点。混合节点是指那些既可以作为访问节点又可以作为转接节点的网络节点。

网络节点和链路的几何图形就是网络的拓扑结构,是指网络中网络单元的地理分布和互联关系的几何构型。不同的拓扑结构其信道访问技术、网络性能、设备开销等各不相同,分别适用于不同场合。它影响着整个网络的设计、功能、可靠性和通信费用等方面,是研究计算机网络的主要环节之一。

网络拓扑结构能够反映各类结构的基本特征,即不考虑网络节点的具体组成,也不管它们之间通信线路的具体类型,把网络节点画作"点",把它们之间的通信线路画作"线",这样画出的图形就是网络的拓扑结构图。计算机网络的拓扑结构主要是指通信子网的拓扑结构,常见的一般分为以下几种:总线型、星状和环状三种,另外在这基础上通过混合或其他方法还可以进一步发展成许多种构形,例如树状和网状等,如图3-1所示。

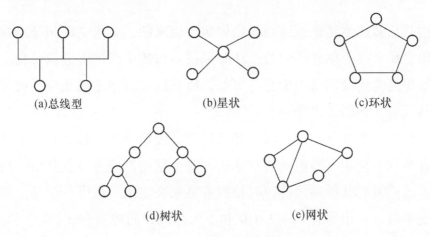

图 3-1 网络的拓扑结构

由于存在不同类型的通信子网,表现在拓扑结构上也有所不同。下面简要介绍几种拓扑结构的基本特点,关于局域网的拓扑结构将在后面几节里做进一步介绍。

1. 总线型

如图3-1(a)所示,总线型网络中的各节点通过一个或多个通信线路与公共总线连接。总线型结构简单、扩展容易。网络中任何节点的故障都不会造成全网的故障,可靠性较高。

2. 星状

如图3-1(b)所示,星状网络的中心节点是主节点,它接收各分散节点的信息再转发给相应节点,具有中继交换和数据处理功能。星状网结构简单、建网容易,但可靠性差,中心节点是网络的瓶颈,一旦出现故障则全网瘫痪。

3. 环状

如图3-1(c)所示,网络中的节点计算机连成环状就成为环状网络。环路上,信息单向从一个节点传送到另一个节点,传送路径固定,没有路径选择问题。环状网络实现简单,适应传输信息量不大的场合。由于信息从源节点到目的节点都要经过环路中的每个节点,任何节点的故障均导致环路不能正常工作，可靠性较差。

4. 树状

如图 3-1（d）所示，树状网络是分层结构，适用于分级管理和控制系统。与星状结构相比，树状网络通信线路长度较短，成本低、易推广，但结构比星状网络复杂。网络中，除叶节点及其连线外，任一节点或连线的故障均影响其所在支路网络的正常工作。

5. 网状

如图 3-1（e）所示，网状网络中各节点的连接没有一定的规则，一般当节点地理分散而通信线路是设计中主要考虑因素时，采用网状网络或者不规则拓扑结构。目前，实际存在的广域网，大多采用这种结构。

3.1.2 总线型拓扑结构

总线型结构是从多机系统的总线互联结构演变而来的，如果它的拓扑结构采用单根传输线作为传输介质，那么称为单总线结构；还有采用多根传输线的多总线结构。局域网一般是单总线结构，整根电缆连接网络中所有的节点，所有的节点多通过相应的硬件接口直接连接到传输介质或总线上，如图 3-2 所示。

可以看出，任何一个节点的发送信号都可以沿着传输介质传播而且能被其他所有节点接收。网络中所有节点实现相互通信就通过总线，整个信道被所有节点共享，所以一次只能由一个设备传输。这就需要某种形式的访问控制策略来决定下一次哪一个站点可以发送，通常采取分布式控制策略，常用的有 CSMA/CD 和令牌总线访问控制方式。

总线是具有一定负载能力的，因此总线的长度也是有限的。如果需要增加长度，可在网络中通过中继器等设备加上一个附加段，从而实现总线拓扑结构的扩展，这样也增加了总线上连接的计算机数目，如图 3-3 所示。另外，在总线型网络上的计算机发出的信号是从网络的一端传递到另一端，当信号传递到总线电缆的终端时会发生信号的反射。这种反射信号在网络中是有害的噪声，它反射回来后与其他计算机发出的信号互相干扰而导致信号无法为其他计算机所识别，影响了计算机信号的正常发送和接收，使网络无法使用。为防止这种现象产生，可在网络中采用终接器来吸收这种干扰信号。

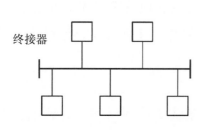

图 3-2　总线型网络拓扑结构

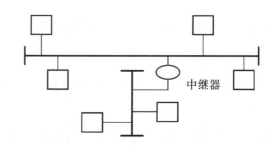

图 3-3　总线型网络拓扑结构的扩展

总线型拓扑结构的优点如下。

（1）电缆长度短，易于布线和维护：因为所有的站点连接到一个公共数据通道，所以只需很短的电缆长度，减少了安装费用，易于布线和维护。

（2）可靠性高：总线型结构简单，传输介质又是无源元件，从硬件的角度看，十分可靠。

（3）可扩充性强：增加新的节点，只需在总线的任何点将其接入；如果需要增加长度，可通过中继器加上一个附加段。

（4）费用开支少：组网所用设备少，可以共享整个网络资源，并且便于广播式工作。

总线拓扑结构的缺点如下。

（1）故障诊断困难：因为总线型网络不是集中控制，所以一旦出现故障，故障的检测需在网上各个节点进行。

（2）故障隔离困难：在总线型拓扑结构中，如果故障发生在节点，则只需将该节点从总线上去掉即可；如果故障发生在传输介质，则故障的隔离比较困难，整段总线要切断。

（3）中继器等配置成本较高：在扩展总线的干线长度时，需要重新配置中继器、剪裁电缆、调整终接器等；总线上的节点需要介质访问控制功能，这就增加了站点的硬件和软件费用。

（4）实时性不强：所有的计算机在同一条总线上，发送信息比较容易发生冲突，所以这种拓扑结构的网络实时性不强。

3.1.3 星状拓扑结构

星状拓扑结构由中央节点和通过点到点链路接到中央节点的各节点组成的。星状网络有唯一的转发节点（中央节点），每一台计算机都通过单独的通信线路连接到中央节点，如图 3-4 所示。

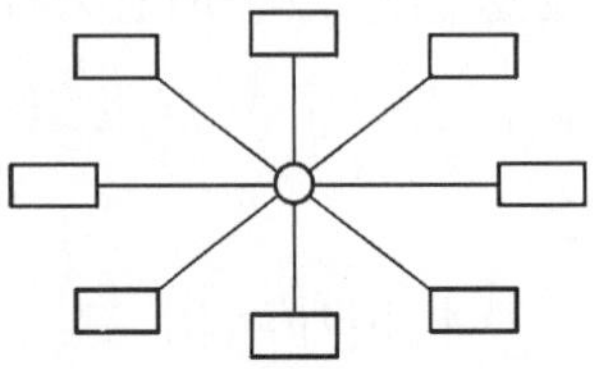

星状拓扑结构网络的访问采用集中式控制策略，中央节点接受各个分散计算机的信息负担很大，而且还必须具有中继交换和数据处理能力，所以中央节点相当复杂，是星状网络的传输核心。

图 3-4 星状网络拓扑结构

星状网络采用的交换方式有电路交换和报文交换，尤以电路交换更为普遍。一旦建立了通道连接，可以没有延迟地在连通的两个站传送数据。

星状拓扑结构广泛应用于网络中智能集中于中央节点的场合，目前在传统的数据通信中，这种拓扑结构还占支配地位。

星状拓扑结构的优点如下。

（1）方便服务：利用中央节点可方便地提供服务和重新配置网络。

（2）每个连接只接一个设备：在网络中，连接点往往容易产生故障，在星状网络中，单个连接的故障只影响一个设备，不会影响全网。

（3）集中控制和便于故障诊断：由于每个节点直接连到中央节点，所以故障容易检测和隔离，可很方便地将有故障的节点从系统中删除。

（4）简单的访问协议：任何一个连接只涉及中央节点和一个节点，所以控制介质访问的方法很简单，从而访问协议也十分简单。

星状拓扑结构的缺点如下。

（1）电缆长度长，安装成本高：每个站点直接与中央节点相连，需要大量电缆，用于维护、安装等的一系列费用相当可观。

（2）线路利用率低：每台计算机均需要通过物理与中心处理机相连，导致整个网络线路利用率低。

（3）依赖于中央节点：如果中央节点产生故障，则全网不能工作，所以对中央节点的可靠性和冗余度要求很高。另外，计算机之间是点对点的连接，所以不能有效地共享整个网络的数据。

3.1.4　环状拓扑结构

环状拓扑结构是由连接成封闭回路的网络节点组成的。在环状拓扑结构中，每个节点与它相邻两个节点连接，最终构成一个环，如图 3-5 所示。

环状网络常使用令牌环来决定哪个节点可以访问通信系统。任何节点要与其他节点通信，必须通过环路向着一个方向发送数据，其他节点接收数据并给出响应，继续传递数据，直到源节点。源节点收回数据，停止继续发送。为了决定环上哪个节点可

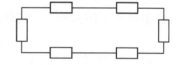

图 3-5　环状网络拓扑结构

以发送信息，平时在环上流通着一个称为令牌的特殊信息包，只有得到令牌的节点才可发送信息，当一个节点发送完信息后就把令牌向下传送，以便下游节点可以得到发送信息的机会。

环状拓扑结构一般采用分散式管理，在物理上它本身就是一个环，所以适合采用令牌环访问控制方法。有时也采用集中式管理，但这需要专门设备来管理控制。当然，还有可以沿两个方向发送数据的环路（即是双环路），它提高了通信速率，但花费比较昂贵，控制也很复杂。

环状拓扑结构的优点如下。

（1）电缆长度短：电缆长度与总线型网络相当，但比星状网络要短得多。

（2）适用于光纤：光纤传输速度快，没有电磁干扰，环状拓扑结构是单方向传输，十分适用于光纤传输介质。

（3）网络的实时性好：每两台计算机之间只有一条通道，所以在信息流动方向上，路径选择简化，运行速度高，而且可以避免不少冲突。

环状拓扑结构的缺点如下。

（1）网络扩展配置困难：要扩充环的节点配置较困难，同样要关闭一部分已接入网的节点也不容易。

（2）节点故障引起全网故障：在环上数据传输是通过接在环上的每一个节点，如果环中某一节点出故障会引起全网故障。

（3）故障诊断困难：某个节点发生故障会引起整个网络的故障，出现故障时需要对每一个节点都进行检测。

（4）拓扑结构影响访问协议：环上每个节点接到数据后，要负责将它发送至环上，这意味着要同时考虑访问控制协议；节点发送数据前，必须事先知道传输介质对它是可用的。

3.1.5 其他类型的拓扑结构

前面提到的三种网络拓扑结构是最基本的网络拓扑结构，进行组合又可以演变出许多其他类型的结构，例如星状总线型拓扑结构、树状拓扑结构、星状环状拓扑结构等。下面简要介绍最常用的树状拓扑结构和星状环状拓扑结构，分别如图3-6、图3-7所示。

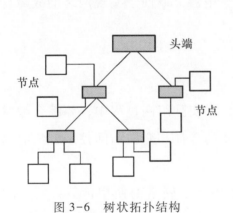

图3-6　树状拓扑结构

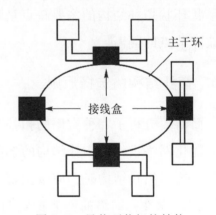

图3-7　星状环状拓扑结构

1. 树状拓扑结构

树状拓扑结构属于一种分层结构，是从总线型拓扑结构演变来的，在总线型网络上加上分支形成的，每个分支还可延伸出子分支，它适用于分级管理和控制系统。这种拓扑结构和带有几个段的总线型拓扑结构的主要区别在于根的存在，根部吸收计算机的发送信息信号，然后再重新广播到整个网络中。

树状拓扑结构的优缺点和总线型拓扑结构的优缺点大致相同，但也有一些特殊之处。

树状拓扑结构的优点如下。

（1）易于扩展：从本质上看这种结构可以延伸出很多分支和子分支，新的节点和新的分支易于加入网内。

（2）故障隔离方便：如果某一分支的节点或线路发生故障，很容易将这分支和整个系统隔离开来。

树状拓扑结构的缺点是对根的依赖性太大，如果根发生故障，则全网不能正常工作，其可靠性问题和星状拓扑结构相似。

2. 星状环状拓扑结构

这是将星状拓扑结构和环状拓扑结构混合起来的一种拓扑，试图能够充分利用两种拓扑结构的优势。从电路上看，和一般的环状拓扑结构相同，只是物理走线安排成星状连接。

星状环状拓扑结构的优点如下。

（1）易于扩展：由于它是模块结构，即由很多集中器组成，所以要扩展网，只要加入新的集中点于环上。

（2）故障的诊断和隔离方便：当发现网络有故障只要诊断环中哪一个集中器有故障，再将该集中器和全网隔离开来。

（3）安装电缆方便：在这种结构中的集中器是通过一条电缆连接成的，安装时不会有电缆管道拥挤的问题。这种安装和传统的电话系统电缆安装很相似。

星状环状拓扑结构的主要缺点是环上需要智能的集中器，以便于实现网络的故障自动诊断和故障节点的隔离。

3.1.6　拓扑结构的选择原则

上面简要分析了几种常用的拓扑结构及其优缺点，在实际组网过程中，要综合考虑各种因素来优化网络设计。拓扑结构的选择往往和传输介质的选择和介质访问控制方法的确定紧密相关。选择拓扑结构时，应该主要考虑以下因素。

（1）可靠性：网络的性能稳定与否在很大程度上决定了网络的使用价值，网络的系统可靠性又决定了将来网络出现故障的概率和频率的大小。拓扑结构的选择要使故障检测和故障隔离较为方便。

（2）扩充性：网络的可扩充性是与网络的拓扑结构直接相关的。由于网络技术的飞速发展，网络的规模和服务质量要求可对原来的网络进行调整或扩充。

（3）费用高低：由于网络拓扑结构的选择涉及网络传输介质和网络连接设备的选择，所以需要考虑组网的费用高低。

3. 2 ISO/OSI 参考模型

计算机网络体系结构的出现，加快了计算机网络的发展。网络通常按层或级的方式来组织，每一层都建立在它的下层之上。对于不同的网络，层的名字、数量、内容和功能都不尽相同，但是每一层的目的都是向它的上一层提供服务。层和协议的集合称为网络体系结构。但是，由于网络体系结构不同，一个厂家的计算机很难和另外厂家的计算机互相通信。建立计算机网络的根本目的是实现数据通信和资源共享，而通信则是实现所有网络功能的基础和关键。国际标准化组织（ISO）在 1979 年成立了一个分技术委员会，专门研究一种用于开放系统的体系结构，提出了开放系统互连参考模型（Open System Interconnection Reference Model，OSI/RM），这是一个定义连接异种计算机的标准主体结构，给网络设计者提供了一个参考规范。1983 年形成开放系统互连参考模型的正式文件，即 ISO 7489 国际标准。我国相应的国家标准是 GB 9387—1988。由于 ISO 的权威性，使 OSI 协议成为广大厂商努力遵循的标准。OSI 为连接分布式应用处理的"开放"系统提供了基础，"开放"这个词表示能使任何两个遵循参考模型和有关标准的系统进行连接。在这样的规范下，计算机网络才能发展到今天这样一个结构复杂的、功能强大的庞大系统。

OSI 采用了分层的结构化技术，其分层的原则是：

（1）层次的划分应该从逻辑上将功能分组，每层应当实现一个定义明确的功能。

（2）每层功能的选择应该有助于制订网络协议的国际化标准。

（3）层次应该足够多，以使每一层小到易于管理，但也不能太多，否则汇集各层的处理开销太大。

（4）各层边界的选择应尽量减少跨过接口的通信量。

如图 3-8 所示，OSI 参考模型共有七层，由低到高分别是：物理层、数据链路层、网络层、传输层、会话层、表示层和应用层。

1. OSI 参考模型的特性

OSI 参考模型定义了开放系统的层次结构、层次之间的相互关系以及各层所包括的可能的服务，它作为一个框架来协调和组织各层协议的制定，也是对网络内部结构最精练的概括和描述，其特性为：

（1）是一种将异构系统互连的分层结构。

（2）提供了控制互连系统交互规则的标准骨架。

（3）定义了一种抽象结构，而并非具体实现的描述。

（4）不同系统上的相同层的实体称为同等层实体。

（5）同等层实体之间的通信由该层的协议管理。

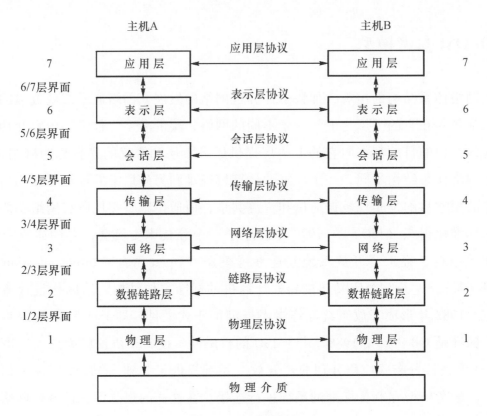

图 3-8　OSI 参考模型

（6）相邻层间的接口定义了原语操作和低层向上层提供的服务。

（7）所提供的公共服务是面向连接的或无连接的数据服务。

（8）直接的数据传送仅在最底层实现。

（9）每层完成所定义的功能，修改本层的功能并不影响其他层。

2. 有关 OSI 参考模型的技术术语

在 OSI 参考模型中，每一层的真正功能是为其上一层提供服务。例如（$N+1$）层对等实体之间的通信是通过 N 层提供的服务来完成的，而 N 层的服务则要使用（$N-1$）层及其更低层提供的服务。在对这些功能或服务过程以及协议的描述中，经常使用如下一些技术术语。

（1）数据单元：在 OSI 模型中，既要在对等实体（同一层中的实体）间传送数据，也要在相邻层的实体间传送数据，所以使用多种类型的数据单元来传送数据。

① 服务数据单元（Service Data Unit，SDU）：第 N 层待传送和处理的数据单元。

② 协议数据单元（Protocol Data Unit，PDU）：同等层水平方向传送的数据单元，它通常是将 SDU 分成若干段，每一段加上由协议规定的控制信息，作为单独的协议数据在水平方向上传送。

③ 接口数据单元（Interface Data Unit，IDU）：在相邻层接口间传送的数据单元，它由

SDU 和一些控制信息组成。

④ 服务访问点（Service Access Point，SAP）：相邻层间的服务是通过其接口上的服务访问点（SAP）进行的。N 层的 SAP 就是（N+1）层可以访问 N 层的地方。每个 SAP 都有一个唯一的地址号码。

⑤ 服务原语（Primitive）：OSI 模型用抽象的服务原语来说明一个层次提供的服务，这些服务原语采用了过程调用的形式。第 N 层向其相邻的高层提供服务，或第 N+1 层用户请求相邻的低层 N 提供服务，都是用一组原语描述的。OSI 模型的原语有四种类型，即请求、指示、响应和确认。

请求（Request）：用户实体请求做某种工作。

指示（Indication）：用户实体被告知某事件发生。

响应（Response）：用户实体表示对某事件的响应。

确认（Confirm）：用户实体收到关于它的请求的答复。

（2）面向连接和无连接的服务。下层能够向上层提供的服务有两种基本形式：面向连接和无连接的服务。

面向连接的服务是在数据传输之前先建立连接。某一方欲传送数据时，首先给出对方完整的地址，并请求建立连接。对方同意后，双方之间的链路便建立起来了。第二步，进行数据传送，通常以帧或分组为单位，按序传送。帧或分组中不需要目标地址，而是给出所建立的链路号（虚电路标识符），并由收方对收到的帧或分组予以确认，此为可靠传送方式。第三步，数据传送结束后，拆除链路。面向连接的服务，又称为虚电路服务。

无连接服务没有建立和拆除链路的过程，一般也不采用可靠方式传送。不可靠（无确认）的无连接服务又称为数据报服务。它要求每一帧（或分组）信息带有完整的地址，独立选择路径，其达到目的地的顺序也是不定的。到达目的地后，还要对帧（或分组）进行排序。

3.2.1 物理层

物理层是 OSI 参考模型的最底层，它向下直接与传输介质相连接，向上相邻且服务于数据链路层，其任务是实现物理上互连系统间的信息传输。该层将信息按位从一个系统经一个物理通道送往另一系统，以实现两系统间的物理通信。注意，只有该层是真正的物理通信，其他各层均是虚拟通信。物理层实际是设备之间的物理接口，它要提供物理硬件（它们可以是机械的或电子的）连接。该层的参数包括信号线作用，电压的大小、宽度及它们的时序关系，建立、维持和拆除物理链路有关的机械、电气、功能和过程特性等。

1. 物理层的主要功能

用 OSI 的术语讲，物理层的作用就是在一条物理传输介质上实现数据链路实体之间透明地传输各种数据的比特流。为此，物理层必须具备以下功能：

（1）物理连接的建立、维持与释放。当数据链路层请求在两个数据链路实体之间建立连接时，物理层应能立即为它们建立相应的物理连接。若两个数据链路实体之间要经过若干个中继数据链路实体，则物理层还应对这些中继数据链路实体进行互连，以建立起一条所需的物理连接。在进行通信时，要维持这个连接；通信结束，物理层要立即释放连接。

（2）物理层服务数据单元传输。物理层在实现传输时，应能保证比特传输的顺序性，即接收物理实体所收到的比特顺序，应该与发送物理实体所发送的比特顺序一致。传输方式上，可采用同步传送方式，也可采用异步传输方式来传输物理服务数据单元。

（3）物理层管理。物理层管理指完成本层的某些管理事务，如何时发送和接收、异常情况处理、故障情况报告等。

2. 介质和互联设备

物理层中用于传输比特流的介质可以有很多，但每一种物理介质在带宽、延迟、成本和安装维护上都不一样。物理层的介质包括架空明线、平衡电缆、光纤、无线电等。通信用的互联设备指数据终端设备（DTE）和数据通信设备（DCE）之间的互联设备。数据传输通常是经过 DTE-DCE，再经过 DCE-DTE 的路径。互联设备指将 DTE、DCE 连接起来的装置，例如各种插头、插座等。局域网（LAN）中的各种粗、细同轴电缆，T 形接头、插头，接收器，发送器，中继器等都属于物理层的介质和连接器。

3. 物理层的一些重要标准

关于物理层的协议，国际上已有许多标准可用。其中，有 EIA（美国电子工业协会）和 CCITT（国际电报电话咨询委员会）制订的一些标准，另外每一种局域网都有自己相应的物理层协议。下面将一些重要的标准列出，以便查阅。

ISO 2110：称为"数据通信-25 芯 DTE/DCE 接口连接器和插针分配"。它与 EIA 的"RS-232-C"基本兼容。

ISO 2593：称为"数据通信-34 芯 DTE/DCE 接口连接器和插针分配"。

ISO 4092：称为"数据通信-37 芯 DTE/DCE 接口连接器和插针分配"。与 EIA RS-449 兼容。

CCITT V.24：称为"数据终端设备和数据电路终端设备之间的接口电路定义表"。其功能与 EIA RS-232-C 及 RS-449 兼容于 100 序列线上。

3.2.2　数据链路层

数据链路可以粗略地理解为数据通道。数据链路层的任务是以物理层为基础，为网络层提供透明的、正确的和有效的传输线路，通过数据链路协议，实施对二进制数据进行正确、可靠的传输，而对二进制数据所代表的字符、码组或报文的含义并不关心。物理层要为终端设备间的数据通信提供传输介质及其连接，介质是长期的，连接是有生存期的。在连接生存期内，收发两端可以进行不等的一次或多次数据通信。每次通信都要经过建立通信链路和拆除通信链路两过程，这种建立起来的数据收发关系就称为数据链路。

计算机网络中，存在着各种干扰，物理链路不可能绝对可靠。为了弥补物理层上的不足，为上层提供无差错的数据传输，就要能对数据进行检错和纠错。数据链路层的作用，就是在不太可靠的物理链路上，通过数据链路层协议（或链路控制规程）实现可靠的数据传输。数据链路的建立、拆除以及对数据的检错、纠错是数据链路层的基本任务。

1. 链路层的主要功能

链路层是为网络层提供数据传送服务的，这种服务要依靠本层具备的功能来实现。链路层应具备如下功能：

（1）链路管理。在发送节点和接收节点之间，建立、维持和释放数据链路。

（2）帧的装配与分解。数据链路层的数据传输单位是帧。节点在发送过程中，要将从网络层传下来的分组，附上目的地址等数据链路控制信息构成帧，即帧的装配；接收过程中，要检查、剥去帧的数据链路控制信息后，将纯信息（即分组）上交网络层，即帧的分解。

（3）帧的同步。即接收端应当能从收到的比特流中准确地识别一个帧的开始和结束。

（4）流量控制与顺序控制。流量控制功能用以保持数据单元发送与接收的速率相匹配；顺序控制功能可使通过数据链路连接的各数据链路协议数据单元，能按发送的顺序传输到相邻节点。

（5）差错控制。为保证数据传输的正确性，通信过程中通常采用检错重发。即接收端每收到一帧便检查帧中是否出错，一旦有错则让发送端重发这一帧，直至接收端正确收到这一帧为止；多次重传仍失败，便作为不可恢复的故障向上层用户报告。

（6）使接收端能区分数据和控制信息。因为数据和控制信息在同一信道中传送，而且在许多情况下数据和控制信息处于同一帧中，所以要采取相应措施使接收端能将它们区别开来。

（7）透明传输。由于数据是随机组合的，可能和某个控制信息完全一样而被接收端误解，这时必须采取措施使接收端不致将这样的数据当成某种控制信息，即透明传输。

（8）寻址。多点连接情况下，既保证每一帧都能正确地送到目的地，又使接收端知道是哪个站发送的。

2. 数据链路层的主要协议

数据链路层通过执行数据链路层协议（规程），实现数据链路上数据的正确发送。因此协议的内容应包括：定义传送的数据单元，即帧的格式；建立、维持、释放数据链路的方

法；进行差错控制和流量控制的方法以及实现透明数据传送的方法等。数据链路控制
（DLC）规程可分为两类：一类是面向字符的数据链路控制规程，另一类是面向比特的数据
链路控制规程。前者以字符作为传输单位；后者以比特作为传输单位，传输效率高，广泛应
用于计算机网络。主要协议如下。

（1）ISO 1745—1975：数据通信系统的基本型控制规程，这是一种面向字符的标准，利
用 10 个控制字符完成链路的建立、拆除及数据交换。对帧的收发情况及差错恢复也是靠这
些字符来完成。ISO 1155、ISO 1177、ISO 2626、ISO 2629 等标准的配合使用可形成多种链
路控制和数据传输方式。

（2）ISO 3309—1984（称为"HDLC 帧结构"），ISO 4335—1984（称为"HDLC 规程
要素"），ISO 7809—1984（称为"HDLC 规程类型汇编"）：HDLC——高级数据链路控制
规程，这三个标准都是为面向比特的数据传输控制而制订的。

（3）ISO 7776（称为"DTE 数据链路层规程"）：它与 CCITT X.25LAB"平衡型链路访
问规程"相兼容。

3. 链路层设备

独立的链路层设备中最常见的是网卡，网桥也是链路层设备。有人也把 Modem 的某些
功能认为是属于链路层。

数据链路层将本质上不可靠的传输介质变成可靠的传输通路提供给网络层。在 IEEE
802.3 标准中，数据链路层分成两个子层：逻辑链路控制子层和介质访问控制子层。

3.2.3　网络层

数据链路层协议只能解决相邻节点间的数据传输问题，不能解决两个主机之间的数据传
输问题，因为两个主机之间的通信通常要包括许多段链路，涉及链路选择、流量控制等问
题。当通信的双方经过两个或更多的网络时，还存在网络互联问题。网络互联也是网络层要
研究的问题。网络层是通信子网与用户资源子网之间的接口，也是高、低层协议之间的界面
层。它涉及的是将本地端发出的分组经各种途径送到目的端，而从本地端至目的端可以经过
许多中间节点，所以网络层是控制通信子网、处理端对端数据传输的最低层。网络层的主要
功能是路由选择、流量控制、传输确认、中断、差错及故障的恢复等。当本地端与目的端不
处于同一网络中，网络层将处理这些差异。

1. 网络层的主要功能

网络层的主要功能是支持网络连接的实现，包括对点到点结构的网络连接、由具有不同
特性的子网所支持的网络连接等。网络层的具体功能如下：

（1）建立和拆除网络连接。指利用数据链路层提供的数据链路连接，构成两传输实体
间的网络连接，网络连接可有若干个通信子网所支持的网络连接等。

（2）分段和组块。为提高传输效率，当数据单元太长时，可对它们进行分段，也可将几个较短的数据单元组成块后一起传输。无论哪种情况，都必须保留网络服务数据单元的分界符。

（3）有序传输和流量控制。当传输实体需要有序传输网络服务数据单元时，网络层将在指定的网络连接上用有序传送的方法来实现。利用网络层提供的流量控制服务可对网络连接上传输的网络服务数据单元进行有效的控制，以免发生信息"堵塞"或"拥挤"现象。

（4）网络连接多路复用。本功能提供网络连接多路复用数据链路连接，以提高数据链路连接的利用率。

（5）路由选择和中继。本功能是在两个网络地址之间选择一条适当的路由。

（6）差错的检测和恢复。差错检测是利用数据链路层的差错报告，以及其他的差错检测能力，来检测经网络连接所传输的数据单元是否出现异常情况。恢复功能是指从被检测到的出错状态中解脱出来。

（7）服务选择。当一个网络连接要穿越几个子网时，如果各子网具有不同的服务指标，则需要利用服务选择功能，使网络连接的两端能提供相同的服务。

2. 网络层提供的服务

OSI/RM 中规定，网络层中提供无连接和面向连接两种类型的服务，也称为数据报服务和虚电路服务。

（1）数据报服务：多用于传输短报文的情况，一个或几个报文分组足以容纳所传送的数据信息。每个分组称为一个数据报。数据报服务类似于寄信或发电报，每封信或每个电报都可以单独送到对方。每个数据报都携带足够的信息，可以从源端送到目的端。经过中间节点时，要进行"存储—转发"，在整个传输过程中，不必建立连接，但在中间节点上要为每个数据报进行路由选择。如果数据报在传输过程中出错或丢失，网络将向源端发出一个"未发送成功指示"，通知源端重发。

（2）虚电路服务：虚电路是在数据依次传送开始前，由发送方和接收方通过呼叫与确认的过程建立起来的。与实际的电路交换不同，虚电路是一种非专用的逻辑连接，是动态的，而电路交换则采用专用路由。虚电路服务在传送数据时，发送方首先提供自己和接收方的完整的网络地址，建立虚电路，然后按序传送报文分组，通信完成后拆除虚电路。虚电路一经建立就要赋予虚电路号，它反映分组的传送通道。这样报文分组中就不必再注明全程地址，相应地缩短了信息量。

3. 路由选择

路由选择指网络中的节点根据通信网络的情况（可用的数据链路、各条链路中的信息流量），按照一定的策略（传输时间最短或传输路径最短），选择一条可用的传输路由，把信息发往目标。

在数据报方式中，网络节点要为每个分组的路由做出选择；而在虚电路方式中，只需在建立连接时确定路由。确定路由选择的策略称为路由选择算法。

路由选择算法可按不同的原则进行分类。如果按能否随网络通信量或拓扑结构的变化自适应地进行调整来划分，一类是自适应算法，它能很好地适应网络中的节点状态和通信量的变化，也就是说它能随时对网络当前通信量和拓扑结构情况进行测试，以当前的动态信息为依据做出路由选择；另一类是非自适应算法，这类算法不能根据对网络通信量和拓扑结构的实测或估测有效地选择路径，这里就不再作具体介绍了。

一个理想的路由选择应该是正确的、简单的（不增加太多的额外开销，易于实现）、自适应的（能适应通信量和网络拓扑结构的变化），对所有网络用户是公平的、最佳的（在某一特定要求下作出合理选择）。一个实际的路由选择算法往往是在不同的应用有不同的侧重。

3.2.4　传输层

传输层是资源子网与通信子网的界面和桥梁。传输层下面三层面向数据通信，上面三层面向数据处理。因此，传输层位于高层和低层中间，起承上启下的作用。它屏蔽了通信子网中的细节，实现通信子网中端到端的透明传输，完成用户资源子网中两节点间的逻辑通信。它是负责数据传输的最高一层，也是整个七层协议中最重要和最复杂的一层。

1. 传输层的特性

（1）连接与传输。传输层的连接与数据链路层的连接不同，它是以通信子网提供的服务作为连接的基础，因此传输层连接复杂，必须经过多层实体部件的交互作用才能实现。

（2）传输层服务。传输层所提供的服务就是进行传输，它要依靠网络层提供的功能实现。传输层的服务能随着不同网络的变化而变化，称为网络相关，所以通信子网的变化不致影响传输层以上的软件。

2. 传输层的主要功能

（1）接收由会话层来的数据，将其分成较小的信息单位，经通信子网实现两主机间端到端通信。

（2）提供建立、终止传输连接，实现相应服务。

（3）向高层提供可靠的透明数据传送，具有差错控制、流量控制及故障恢复功能。

3. 传输层协议

网络层向传输层提供的服务有可靠和不可靠之分，但传输层对高层来说，提供的却是端到端的可靠通信。如果通信子网的功能很完善，那么传输层的任务就比较简单；如果通信子网提供的服务质量很差，传输层就必须填补传输层用户中所要求的服务质量和网络层所能提供的服务质量之间的差异。

传输层服务通过协议实现。传输层协议应完成的内容与网络层所提供的服务质量密切相关。根据网络层或通信子网向传输层提供的服务，可以把网络分为三种类型。

A 型：网络连接具有可接受的差错率和可接受的故障通知率。

B 型：网络连接具有可接受的差错率和不可接受的故障通知率。

C 型：网络连接具有不可接受的故障通知率。

A 型服务是可靠的服务，一般指虚电路；C 型服务的质量最差，提供数据报服务的网络或无线电分组交换网络均属此类；B 型服务介于二者之间，广域网多提供 B 型服务。

根据网络层提供的服务质量类型不同，OSI 参考模型将传输层协议分为 5 类，如表 3-1 所示。

表 3-1 传输层协议类别

类别	通信子网类型	基本功能
0	A	建立连接
1	B	差错恢复
2	A	多路复用
3	B	差错恢复、多路复用
4	C	差错检测、差错恢复、多路复用

0 类最简单，它为每个提出的传送请求建立一个网络连接并假定网络连接不出错，传输层协议不再进行排序和流控，它只提供建立和释放连接的机制，面向 A 型网络服务。

1 类较简单，与 0 类相比，增加了基本差错恢复功能，如果遇到网络连接中断或连接失败等情况，它面向 B 型网络服务。

2 类和 1 类相比，没有差错恢复功能，但增加了对网络的多路复用和相应的流量控制功能，它面向 A 型网络。

3 类具有 1 类和 2 类的特性，既有基本差错恢复功能，又有多路复用功能，它面向 B 型网络服务。

4 类协议最复杂，能检测由于网络不可靠服务而引起的差错，包括传输层协议数据单元 TPDU 的丢失、错序、重复和出错等，同时具有多路复用功能。它面向 C 型网络服务。

3.2.5 会话层

会话层、表示层和应用层一起构成 OSI 参考模型的高层，它们和下面的四层不同。低层涉及提供可靠的端到端的通信，而高层与提供面向用户的服务有关。

所谓会话（Session），是指在两个会话用户之间为交换信息而按照某种规则建立的一次暂时的连接。会话可以使一个远程终端登录到远地的计算机，进行文件传输或进行其他的应用。会话层位于 OSI 模型面向信息处理的高三层中的最下层，它利用传输层提供的端到端数据传输服务，具体实施服务请求者与服务提供者之间的通信，属于进程间通信的范畴。会话层还对会话活动提供组织和同步所必需的手段，对数据传输提供控制和管理。

1. 会话层的主要功能

（1）提供远程会话地址。会话地址是为用户或用户程序使用的。要传送信息，必须把会话地址转换为对应的传送站地址，以实现正确的传送连接。会话地址到传送地址的变换工作是由会话层完成的。

（2）会话建立后的管理。通常，建立一次会话需要有一个过程。首先，会话的双方都必须经过批准，以保证双方都有权参加会话。其次，会话双方要确定通信方式，即单工、半双工或全双工等。一旦建立连接，会话层的任务就是管理会话了。

（3）提供把报文分组重新组成报文的功能。只有当报文分组全部到达后，才能把整个报文传送给远方的用户。当传输层不对报文进行编号时，会话层应完成报文编号和排序任务。当子网发生硬件或软件故障时，会话层应保证正常的事务处理不会中途失效。

2. 会话层提供的服务

（1）会话连接的建立和拆除。完成正常的数据交换，同步会话连接的两个会话服务。

（2）与会话管理有关的服务。确定会话类型，连接会话双方的通信可以是全双工、半双工或单工方式。

（3）隔离。会话的任一方，在数据少于某一定值时，数据可暂不向目的用户传输。对于传输小于某一长度的数据或未经合法处理的无效数据，该隔离技术非常有用。

（4）出错和恢复控制。差错控制主要安排在 OSI 参考模型的数据链路层中，在会话层的会话服务子系统中，也可安排差错控制，以防止物理链路控制机构引起的差错影响到高层。

不同层次上的故障主要与位发送错误有关；网络层上的故障主要与电路故障或切除故障有关；传输层上故障涉及高层的问题，例如，引起会话终止的故障；会话层故障与协议中采用的错误处理方法有关，例如终止两个用户之间通信的故障可能是由于外部设备的非法请求引起的，会话层能从检测点重新启动，即当传输中在某校验点出现错误，会话层便可重新发送自上一个校验点开始的所有数据。

3.2.6　表示层

表示层为应用层提供服务，该服务层处理的是通信双方之间的数据表示问题。网络中，对通信双方的计算机来说，一般有其自己的数据内部表示方法。其数据形式常具有复杂的数据结构，它们可能采用不同的代码、不同的文件格式。为使通信的双方能互相理解所传送信息的含义，表示层就需要把发送方具有的内部格式编码为适于传输的位流，接收方再将其解码为所需要的表示形式。

数据传送包括语义和语法两个方面的问题。语义即与数据内容、意义有关的方面；语法则是与数据表示形式有关的方面，例如文字、声音、图形的表示，数据格式的转换、数据的压缩、数据加密等。在 OSI 参考模型中，有关语义的处理由应用层负责。表示层仅完成语法的处理。

1. 表示层的主要功能

（1）语法转换。当用户要传送数据从发送方到接收方时，应用层实体就需将数据按一定的表示形式交给其表示层实体，这一定的表现形式为抽象语法。语法变换就是实现抽象语法与传送语法间的转换，例如代码转换、字符集的转换及数据格式的转换等。

（2）传送语法的选择。应用层中存在多种应用协议，这样，表示层中就可能存在多种传送语法，即使是一种应用协议，也可能有多种传送语法与其对应。所以表示层需对传送语法进行选择，并提供选择和修改的手段。

（3）常规功能。指表示层内对等实体间的建立连接、传送、释放等。

2. 表示层提供的服务

（1）数据转换和格式转换。指编码、字符集的转换以及修改数据位的组合格式。

（2）语法选择。根据所用的转换形式进行初始选择和后续修改。

（3）数据加密与解密。为保证通信双方信息的安全保密，发送方表示层要将传送的报文进行加密传输，接收方的表示层接收到密文后，再将其还原成原始报文。

（4）文本压缩。文本压缩也称为数据压缩，它是利用压缩技术尽量缩小被传送信息的总比特数，以满足一般通信带宽的要求，提高线路利用率。有多种压缩算法，常用的有霍夫曼编码等。

3.2.7 应用层

从 OSI 的 7 层模型的功能划分来看，下面 6 层主要解决支持网络服务功能所需要的通信和表示问题，应用层则提供完成特定网络功能服务所需要的各种应用协议。应用层是 OSI 参考模型的最高层，直接面向用户，是计算机网络与最终用户的界面。负责两个应用进程（应用程序或操作员）之间的通信，为网络用户之间的通信提供专用程序。它通过应用层的应用实体实现，应用实体由一组用户元素（UE）和一组应用服务元素组成。UE 是与用户有关的一组元素，应用服务元素有公共应用服务元素（CASE）和特定应用服务元素（SASE）两类。用户的应用进程利用 OSI 提供的服务一方面与对等的应用进程进行通信，一方面执行预定的业务处理。

公共应用服务元素（CASE）是 UE 和 SASE 公共使用的那部分服务元素，提供应用层最基本的服务，包括应用实体间的连接、传送、恢复、释放等。特定应用服务元素（SASE）提供满足特定应用的特殊需求，例如虚拟终端、文件传输、远程作业录入、电子邮件、事物处理及分布式数据库访问等。其相应的功能由相应的协议管理，下面仅就其中的部分做一简单介绍。

（1）虚拟终端协议（VTP）。虚拟终端（VT）是将各种类型的专用终端的功能一般化、标准化以后得到的终端模型，是 OSI 所定义的一种虚拟终端服务。虚拟终端协议则执行专用终端与应用程序使用的虚拟终端的转换。

虚拟终端协议的任务是将实际终端转换成标准终端或虚拟终端。由于实际终端类型很多，且差异很大，试图形成一种统一形式的虚拟终端是困难的。通常采用的方法是分类建立 VT 模型及其协议，OSI 将 VT 分为 5 类。

页面型：主要处理由字符元素组成的一、二、三维数组，是一种配有光标和可寻址字符矩阵的键盘显示终端，具有编辑功能，用户和主机都可随机修改和存取显示器上的内容。典型的实际终端如 CRT 终端。

表格型：又称数据输入终端，其工作类似于页面型终端，但增加了对输入输出表格格式的控制处理功能，常用于操作填号表格的各类业务中，典型的如各类业务处理窗口服务终端。

图形型：主要处理由几何图形元素，例如点、直线、二次曲线等生成的各种图形。典型的如图形终端。

图像型：主要处理由像素组成的二维或三维图像。典型的如图像处理终端。

混合型：具有上述 4 类终端的功能。典型的如高级工作站等。

（2）文件传输、访问和管理。文件传输、访问和管理（FTAM）是任何计算机网络最常用的应用功能。文件传输是指在不同的计算机之间移动文件；文件访问（存取）是指对文件全部或部分内容进行检查、修改、替换或删除等操作；文件管理是指创建或删除文件，以及检查和操作文件的属性等。

文件传输、访问和管理使用的技术是类似的，一般可以假定文件位于文件服务器上，而访问者是在客户计算机上进行操作。由于网络上有大量异型机存在，它们的文件系统差别很大。为了解决不同系统的文件互相访问的问题，FTAM 采用了虚拟文件系统的概念。

与虚拟终端的概念类似，虚拟文件系统通过制订一种标准的文件结构和数据表示作为网络的共同标准，为访问者提供一个标准化的接口和一套可执行的标准化操作，隐去了实际文件服务器的不同内部结构，使得不同文件系统间的文件共享成为可能。各计算机在传送文件时，先把自己的文件和数据转换成网络上运行的虚拟文件标准形式，目的端接收文件时再把它转换成符合自己标准的形式。

（3）作业传送和操纵。作业传送和操纵（JIM）的功能是在多个开放系统之间定义和执行作业所需的各种管理功能，以及为用户构成分布式处理提供方便。JIM 服务和协议不仅关系到开放系统之间数据的移动，而且关系到作业处理活动中监督、控制信息的移动，但对作业的内容并不作规定。每个作业都有唯一的作业号标识，一个作业可以产生数个子作业，每个子作业也有唯一的标识。JIM 系统通过自己的服务原语完成各种服务功能。

JIM 系统由以下 4 个功能模块组成。

作业提交模块：负责对要执行的作业发布命令。

作业处理模块：负责作业运行。

作业监督模块：负责作业运行情况报告。

操作提交模块：负责控制 JIM 的活动。

（4）电子邮件（E-mail）。电子邮件（E-mail）是用电子方式代替邮局进行传递信件的系统。信件泛指文字、数字、语音、图形等各种信息，利用电子手段将其由一处传递至另一处或多处。计算机网络上电子邮件的实现开始了通信方式的一场革命。

OSI 的电子邮件系统（MOTIS）是面向信息的文本交换系统，是以 CCITT X.400 推荐标准为基础的电子邮件管理。

3.3 TCP/IP 网络协议

要实现网络的互联，大家必须遵守一些共同的规则，在这些规则的管理之下进行网络及各种网络间的互联，这些规则就是网络协议。网络协议很多，但目前广泛使用的通信协议是 TCP/IP 协议，尤其是作为 Internet 使用的协议，得到广泛的应用和推广。

3.3.1 什么是 TCP/IP 协议

TCP/IP（Transmission Control Protocol/Internet Protocol）即传输控制协议/网际协议，是当今计算机网络最成熟、应用最广泛的网络互联技术。当初，是为美国国防部高级研究计划署（ARPA）网络设计的，一般称为 ARPANET，其目的在于能够让各种各样的计算机都可以在一个共同的网络环境中运行。事实上，它是由一组通信协议所组成的协议集。

TCP/IP 协议开发于 20 世纪 60 年代后期，先于 OSI 参考模型，所以不是完全符合 OSI 标准。大致说来，TCP 对应于 OSI 参考模型的传输层，IP 对应于网络层。虽然 OSI 参考模型是计算机网络协议的标准，但由于其开销太大，所以真正采用它的并不多。由于 TCP/IP 协议简单、实用，因此得到了广泛的应用，可以说 TCP/IP 协议已成为事实上的工业标准和国际标准。

3.3.2 TCP/IP 协议的作用

大家知道，网络互联要解决的是异构网络系统的通信问题，目的是向高层隐藏低层物理网络技术的细节，为用户提供统一的通信服务。TCP/IP 就是这一技术的体现，它是一个协议集，目前已包含了 100 多个协议，用来将各种计算机和数据通信设备组成实际的计算机网络。TCP 和 IP 是其中的两个协议，也是最基本、最重要的两个协议，是广为人知的，因此，通常用 TCP/IP 来代表整个 Internet 协议集。

3.3.3 TCP/IP 协议的分层模式

TCP/IP 协议也采用分层体系结构，对应开放系统互连（OSI）参考模型的层次结构，可分为 4 层：网络接口层、网际层（IP 层）、传输层和应用层，如图 3-9 所示。

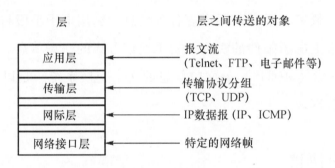

图 3-9 TCP/IP 协议的 4 个层次

1. 网络接口层

网络访问层与 OSI 的数据链路层和物理层相对应，负责管理设备和网络之间的数据交换，及同一设备与网络之间的数据交换，它接收上一层（IP 层）的数据报，通过网络向外发送，或者接收和处理来自网络上的数据，并抽取 IP 数据报向 IP 层传送。

2. 网际层

网际层也称 IP 层，与 OSI 参考模型的网络层相对应。该层负责管理不同的设备之间的数据交换。IP 层包含以下几个主要协议。

（1）网际协议（Internet Protocol，IP）：使用 IP 地址确定收发端，提供端到端的"数据报"传递。IP 协议还规定了计算机在 Internet 上通信时所必须遵守的一些基本规则，以确保路由的正确选择和报文的正确传输。

（2）网际控制报文协议（Internet Control Message Protocol，ICMP）：处理路由，协助 IP 层实现报文传送的控制机制，提供错误和信息报告。

（3）地址解析协议（Address Resolution Protocol，ARP）：将网络层地址转换成链路层地址。

（4）逆向地址解析协议（Reverse ARP，RARP）：将链路层地址转换成网络层地址。

3. 传输层

传输层与 OSI 七层模型的传输层的功能相对应，它在 IP 协议的上面，以便确保所有传送到某个系统的数据正确无误地到达该系统。该层的主要协议如下。

（1）TCP：传输控制协议，该协议提供面向连接的可靠数据传输服务，它通过提供校验位，为每个字节分配序列号，提供确认与重传机制，确保数据可靠传输。

（2）UDP（User Datagram Protocol）：用户数据报协议，采用无连接的数据报传送方式，提供不可靠的数据传送。UDP 方式与 TCP 相比，更加简单，数据传输速率也较高。UDP 一般用于一次传输少量信息的情况，例如数据查询等。

4. 应用层

应用层作为 TCP/IP 模型的最高层，与 OSI 参考模型的上三层对应，为各种应用程序提供了使用的协议，标准的应用层协议主要有以下几种。

（1）FTP（File Transfer Protocol）：文件传输协议，为文件的传输提供了途径。它允许将数据从一台主机上传输到另一台主机上，也可以从 FTP 服务器上下载文件，或者向 FTP 服务器上载文件。

（2）Telnet：远程登录协议，实现 Internet 中的工作站（终端）登录到远程服务器的能力。

（3）SMTP（Simple Mail Transfer Protocol）：简单邮件传输协议，实现 Internet 中电子邮件的传送功能。

（4）HTTP（Hyper Text Transfer Protocol）：超文本传输协议，用来访问在 WWW 服务器上的各种页面（即用 HTML 语言编写的页面）。

（5）RIP（Router Information Protocol）：路由信息协议，用于网络设备之间交换路由信息。

（6）NFS（Network File System）：网络文件系统，用于实现网络中不同主机间的文件共享。

（7）DNS（Domain Name Service）：域名服务，用于实现从主机名（域名）到 IP 地址的转换。

关于 TCP/IP 协议的特点，可归纳如下：

（1）开放的协议标准，独立于特定的计算机硬件和操作系统。

（2）统一的网络地址分配方案，采用与硬件无关的软件编址方法，使得网络中的所有设备都具有唯一的 IP 地址。

（3）独立于特定的网络硬件，可以运行在局域网、广域网，特别适用于 Internet。

（4）标准化的高层协议，可以提供多种可靠的用户服务。

TCP/IP 协议和 OSI 参考模型的共同之处是都采用了分层结构的概念，但两者在层次结构、名称定义、功能细节等方面存在较大的差异。例如，TCP/IP 协议没有表示层和会话层，这两层的功能都是由应用层提供。又如，虽然 TCP/IP 协议有网络接口层（与 OSI 的物理层和数据链路层对应），但 TCP/IP 协议却不提供任何协议，而是由网络接口协议取代。这样 TCP/

IP 协议完全撇开了网络的物理特性，TCP/IP 协议中所谓的"网络"是一个高度抽象的概念，它将任何一个传输数据分组的通信系统都看成是网络，这些网络大到广域网，小到局域网，甚至是仅有两台计算机的点对点通信。这种与物理网络的无关性为协议的设计提供了极大的方便，大大简化了网络互联技术的实现。正是这种抽象的概念赋予 TCP/IP 协议巨大的灵活性和适应性。

TCP/IP 协议与 OSI 参考模型的层次对应关系比较如表 3-2 所示。

表 3-2　TCP/IP 协议与 OSI 参考模型比较

OSI 参考模型结构	TCP/IP 协议结构	TCP/IP 协议各层的作用
应用层 Application	应用层 Process	用户调用、访问网络的应用程序，例如，FTP、HTTP、SMTP、Telnet 等各种协议与应用程序
表示层 Presentation		
会话层 Session		
传输层 Transport	传输层 TCP Host-To-Host	管理网络节点间的连接
网络层 Network	网际层 IP Internet	将数据放入 IP 包
数据链路层 Data Link	网络接口层 Network Access	在网络介质上传输包
物理层 Physical		

3.4　局域网

在计算机网络的发展过程中，产生过许多种网络类型，其中大部分在技术发展的过程中已逐渐淘汰，保留下来的几种网络，成为目前最常见最普及的网络。这些网络的相关技术日趋完善，已形成了自己的标准。

所谓网络标准，是为了规定网络的通信标准、访问控制方式、传输介质等技术而制定的规则。局域网标准主要是由 IEEE 制定的 IEEE 802 系列标准。

IEEE（Institute for Electrical and Electronic Engineers）即电气电子工程师协会，该协会于 1980 年 2 月成立了 LAN 标准化委员会，专门从事局域网的协议制定，并形成了一系列标准，称为 IEEE 802 标准。它得到国际标准化组织 ISO 的支持并采纳作为 ISO 的局域网标准，称为 ISO 8802 标准。

IEEE 802 标准主要包括有：

IEEE 802.1 —— 局域网概述、体系结构、网络管理和网络互联

IEEE 802.2 —— 逻辑链路控制（LLC）

IEEE 802.3 —— CSMA/CD 访问方法和物理层规范

IEEE 802.4 —— Token Bus（令牌总线）

IEEE 802.5 —— Token Ring（令牌环）访问方法和物理层规范

IEEE 802.6 —— 城域网访问方法和物理层规范

IEEE 802.7 —— 宽带技术咨询和物理层课题与建议实施

IEEE 802.8 —— 光纤技术咨询和物理层课题

IEEE 802.9 —— 综合声音/数据服务的访问方法和物理层规范

IEEE 802.10 —— 安全与加密访问方法和物理层规范

IEEE 802.11 —— 无线局域网访问方法和物理层规范，包括：IEEE 802.11a、IEEE 802.11b、IEEE 802.11cg 和 IEEE 802.11qn 标准。

IEEE 802.12 ——100VG-AnyLAN 快速局域网访问方法和物理层规范

其中符合 IEEE 802.3 标准的局域网称为"以太网"。

常见的局域网标准有以太网、FDDI、ATM、无线局域网等，其中无线局域网标准将在第 8 章介绍。

3.4.1 以太网

以太网是目前世界上使用最为普遍的网络。以太网广泛应用于局域网，甚至已成为局域网的代名词。以太网包括传统以太网（10 Mbps）、快速以太网（100 Mbps）、千兆以太网（1 000 Mbps）和万兆以太网（10 Gbps），它们都符合 IEEE 802.3 系列标准规范。从它的应用领域来看，以太网不仅是局域网的主流技术，而且采用以太网技术组建城域网也逐渐成为一种主流的网络技术。

由于局域网的以太网技术已经相当成熟，研究人员把重心放在了高速局域网的设计思路上，即在传输速率为 1 Gbps 的 GE 与 10 Gbps 的 10GE 物理层设计中，利用光纤作为远距离传输介质，发展光以太网技术，这样将以太网技术从局域网扩展到城域网和广域网。

1. 传统以太网

网络产品符合 IEEE 802.3 标准，传输速率通常为 10 Mbps，当前常用的这类以太网标准有以下几种。

（1）10Base-5：标准以太网，或称粗缆以太网。它是传统的以太网标准，使用直径为 0.4 in、阻抗为 50 Ω 的粗同轴电缆（型号 RG-11）。规定每个网上工作站均通过网卡（AUI）接口，收发器电缆（AUI Cable）和介质连接单元（MAU，俗称收发器）与总线相连。10Base-5 使用总线型拓扑结构，所有的站都经过一根同轴电缆连接，站间最短距离为 2.5 m。一条电缆的最大长度为 500 m，每段最多可以有 100 个站。

当工作站数量多于 100 个或需要的连接距离超过 500 m 时，可采用中继器（也称重发器）来延长距离。标准以太网使用中继器联网的规则是：一条网络干线最多可以有 5 个电缆段，即最多 4 个中继器，5 段中只允许其中 3 个电缆段可以连接网络工作站，另外 2 个电缆段仅是用来延长网络的距离而已。这样，网络跨度最长为 2 500 m。

（2）10Base-2：细缆以太网。细缆以太网采用型号为 RG-58 型细同轴电缆（直径 0.18 in、特征阻抗 50 Ω）作为传输介质，不需要外部收发器，而是直接通过 T 形连接器与工作站网卡上的 BNC 接口相连。

对细缆以太网而言，每个电缆段的最大长度是 185 m，每段最多可接 30 个工作站，任意 2 个工作站之间的最小距离是 0.5 m，T 形连接器与网卡上的 BNC 接口之间必须直接连接，中间不能再接任何电缆。

10Base-2 与 10Base-5 相似，但 10Base-2 主要是为降低安装 10Base-5 的成本和复杂性而设计的。与粗缆以太网相比，细缆以太网更容易安装，更容易增加新站点，能够大幅度地降低费用。其缺点是改变配置时要把网络停止几分钟；另外，接头多，接触不好的可能性也就大一些。

（3）10Base-T：双绞线以太网。1989 年，IEEE 通过了 10Base-T，它是一个崭新的以太网物理标准。10Base-T 使用两对非屏蔽双绞线，一对线发送数据，另一对线接收数据，用 RJ-45 模块作为端接器，采用星状拓扑结构。这种标准使用大量的电缆，但同时提供了更加稳定和便于维护的网络。10Base-T 连接方式使用不超过 100 m 的双绞线将每一台网络设备连接到集线器（Hub），克服了总线型网络中单点故障会引起整个网络瘫痪的问题。另外，10Base-T 十分适合那些需要不断增长的网络。

双绞线以太网的联网规则如下：各工作站均通过 Hub 联入网络中；传输介质采用无屏蔽双绞线；双绞线与工作站网卡和 Hub 之间采用标准的 RJ-45 接口；工作站与 Hub 之间的最大距离为 100 m；Hub 与 Hub 之间可以互联，形成树状结构，但任一线路不能形成环形；Hub 与 Hub 之间的最大距离也是 100 m。因为 Hub 相当于一种特殊的多口中继器，所以它也遵循作用中继器联网的规则。10Base-T 网络的联网规则是：网络中任意 2 个工作站之间最多不超过 5 段线（指 Hub 到 Hub 或 Hub 到计算机之间连接双绞线），即任意 2 个工作站之间最多可以有 4 台 Hub。

（4）10Base-F：光缆以太网。1993 年加入 IEEE 802.3 的 10Base-F 规范利用光纤作为传输介质带来了距离和传输特性上的优点，这一规范实际上包含了三个标准：10Base-FP、10Base-FL 和 10Base-FB。上述三种规范对于一条传输链路均采用两根光纤，每条传输一个方向上的信号，而且信号采用曼彻斯特编码，每个信息元素还被转换成一个光信号元素，有光代表高，无光代表低。

2. 快速以太网

以上介绍的以太网的网络传输速率都是 10 Mbps。下面介绍的以太网技术中传输速率可以达到 100 Mbps，是传统以太网的传输速率的 10 倍。它主要包括两种技术：100Base-T 和 100VG-AnyLAN，称为快速以太网。

（1）100Base-T：100Base-T 是由 10Base-T 以太网标准发展而来的，保留了以太网的观念，网络传输速率提高了 10 倍。1995 年正式通过了快速以太网 100Base-T 规范，即 IEEE 802.3u 标准，是对 IEEE 802.3 的补充。它仍然采用 IEEE 802.3 CSMA/CD 的介质访问协议，并且同样采用星状拓扑结构，不需对工作站的以太网卡上执行的软件和上层协议做任何修改，就可使局域网上的 10Base-T 和 100Base-T 站点间互相通信，也不需要任何协议转换。对于原来用 5 类双绞线连接的网络，只需更换网卡和集线器，就可由 10Base-T 升级到 100Base-T。

100Base-T 支持多种网络传输介质，例如双绞线、光纤等，10Base-T 网络的电缆技术可以沿用，但 100Base-T 网络不支持同轴电缆。目前 100Base-T 标准包括三种规范：100Base-TX、100Base-T4 和 100Base-FX。

（2）100VG-AnyLAN：100VG-AnyLAN 是一种崭新的 100 Mbps 共享介质技术，由 HP 公司和 AT&T 公司共同开发，符合 IEEE 802.12 标准，它采用冲突检测方案来代替标准以太网的 CSMA/CD 协议，并包含了一个新的中介访问层，实现命令优先协议。它既支持以太网，也支持令牌环网，在以太网和令牌环网中具有相同的信息帧结构，所以它可以很容易地移植到现有的 10 Mbps 网络中，采用共享介质令牌传递总线结构以及请求优先级协议，对常规通信能力的信道进行优先化多媒体传输，传输速率达 100 Mbps。

100VG-AnyLAN 与 100Base-T 不同的是，它采取了与 100Base-T 完全不同的介质访问控制方法和协议。它使用语音级光缆，及 3、4 或 5 类双绞线，实现 100 Mbps 的传输速率，若使用双绞线就必须使用两对导线。该标准使用物理上的星状拓扑结构连接集线器，允许多个集线器相互连接。这种网络是 HP 公司的标准，因此它的设备不能与现有的以太网设备一起使用。由于 100VG-AnyLAN 协议和控制机制与传统以太网不同，所以传统以太网升级到 100VG-AnyLAN，原有的系统及网卡均需更换，这样采用 100VG-AnyLAN 技术组网的用户就很少。

3. 10/100 Mbps 自适应以太网

10 Mbps 以太网和 100 Mbps 以太网在原理上是相同的，只是传输速率不同。经常会出现这样一种情况：在一个局域网中的计算机既有 10 Mbps 的网卡，也有 100 Mbps 的网卡，或者，一台计算机有时要连接到 10 Mbps 的交换机或集线器，有时又要连接到 100 Mbps 的交换机或集线器。为了方便实用，出现了 10/100 Mbps 自适应网络技术及产品。

10/100 Mbps 自适应网络设备依赖于自动协商模式（Auto Negotiation Mode）即 N-WAY 技术，具有自动协商模式的集线器和网络接口卡在通电后会定时发"快速链路脉冲（FLP）"序列，该序列包含半双工、全双工、10 Mbps、100 Mbps、TX 的信息，对方检测相应的信息，并自动调节到双方均能接受的最佳模式上，这样，可以保证双方能以可接受的最佳速率连接。

10/100 Mbps 自适应网络技术可大大地简化局域网的管理，从而减轻网络管理的工作量。

4. 千兆以太网

随着以太网技术的深入应用和发展，企业用户对网络连接速度的要求越来越高，千兆以太网是近几年推出的 1 000 Mbps 高速以太网，以适应日益增多的用户业务对带宽的需求。千兆以太网是对 10 Mbps 和 100 Mbps 以太网非常成功的扩展，与现有以太网完全兼容，现有网络应用均能在千兆以太网上运行，可以为现有的以 100 Mbps 为基础的网络提供平滑的过渡。特别是 1000Base-T，能够在 5 类线上传送的千兆以太网，以一种简单而廉价的方式提升网络性能，实现将现有的快速以太网络向高速网络移植。千兆以太网将成为主干网和桌面系统的主流技术。

IEEE 802.3 工作组于 1998 年 6 月完成了 IEEE 802.3z 标准。802.3z 千兆以太网标准定义了 1000Base-SX、1000Base-LX 和 1000Base-CX 三种标准，其中前两种标准采用光纤介质，另一种采用铜线介质。1999 年 6 月 IEEE 802.3 委员会正式公布了第二个铜线标准 IEEE 802.3ab。

千兆以太网支持多种传输介质，包括光纤和双绞线。

（1）1000Base-SX：是短波长激光多模光纤介质系统标准，它使用多模光纤介质。1000Base-SX 所使用的光纤波长为 850 nm，分为 62.5/125 μm 多模光纤和 50/125 μm 多模光纤。其中使用 62.5/125 μm 多模光纤的最大传输距离为 220 m，使用 50/125 μm 多模光纤的最大传输距离为 500 m。

（2）1000Base-LX：是长波长激光（LWL）光纤介质系统标准，它使用单模或多模光纤介质。在使用多模光纤时，连接的最大距离是 550 m。当使用单模光纤时，连接的最大距离可达 5 km。

（3）1000Base-CX：是短距离铜线千兆以太网标准，它使用屏蔽双绞线介质，连接的最大距离仅有 25 m。

（4）1000Base-T：是短距离铜线千兆以太网标准，它使用非屏蔽双绞线介质，在使用 4 对 5 类非屏蔽双绞线（UTP）时，连接的最大距离可达 100 m。

千兆以太网目前是局域网技术的主流，多用于局域网的主干网。

5. 万兆以太网

2002 年，基于光缆的万兆以太网标准 IEEE 802.3ae 正式颁布。万兆以太网作为传统以太网技术的一次较大升级，在原有的千兆以太网的基础上将传输速率提高了 10 倍，传输距离也大大增加，摆脱了传统以太网只能应用于局域网范围的限制，使以太网延伸到了城域网和广域网。2004 年，同轴电缆万兆以太网标准 IEEE 802.3ak 颁布。802.3ak 标准可以在同轴电缆上提供 10 Gbps 的速率，为数据中心内相互距离不超过 15 m 的以太网交换机和服务器集群提供了一个以 10 Gbps 速度互连的经济的方式。由于 10 Gbps 速率可以通过电口来实现，802.3ak 标准对于交换机和服务器的集群提供了一个比光解决方案的成本低很多的解决办法，从而引发了万兆以太网产品价格的迅速下降。2006 年，基于非屏蔽双绞线的万兆以太网标准 IEEE 802.3an 10GBase-T 得以通过。10GBase-T 标准使得在将网络扩展到 10 Gbps 的同时，能够沿用原来已布设的铜质电缆基础结构，并且让新装用户也可以利用铜质结构电缆的高性价比特点。10GBase-T 有助于网络设备厂商大幅降低万兆以太网互联的成本。万兆以太网和以往的显著区别一是只支持全双工模式，不再支持单工模式；二是不使用 CSMA/CD 协议。

万兆以太网技术提供更加丰富的带宽和处理能力，能够有效地节约用户在链路上的投资，并保持以太网一贯的兼容性、简单易用和升级容易的特点。由于万兆以太网尚处于发展初期，还存在着一些问题和不足。可以预见的是，随着宽带业务的广泛开展，万兆以太网技术将会得到广泛应用并成为主流的组网技术。

3.4.2 ATM（异步传输模式）

1. 什么是 ATM 和 ATM 局域网

异步传输模式（Asynchronous Transfer Mode，ATM）是一种新型的网络交换技术，适合于传送宽带综合业务数字（B-ISDN）和可变速率的传输业务。异步传输模式是一种利用固定数据报的大小以提高传输效率的传输方法，这种固定的数据报又称为信元或报文。ATM 信元结构由 53 B 组成，53 B 被分成 5 B 的头部和被称为载荷的 48 B 信息部分。数据可以是实时视频、高质量的语音、图像等。

ATM 局域网就是以 ATM 为基本结构的局域网，它以 ATM 交换机作为网络交换节点，并通过各种 ATM 接入设备将各种用户业务接入到 ATM 网络。

2. ATM 的基本特征

（1）ATM 主要包括以下几种基本技术：

① 采用光纤作为网络的传输介质。

② 采用同步数字体系（SDH）作为传输网络。

③ 采用异步传输模式作为交换技术。

（2）ATM 的基本信息特征：信息的传输、复用和交换的长度都是 53 个字节为基本单位的"信元（cell）"。因此，B-ISDN 用户线路上传递的信号都是这种信元。

（3）B-ISDN 使用的复用技术：B-ISDN 用户线路上使用了最先进的统计时分多路复用技术，即基于信元的异步时间分割技术，也是"异步传输模式"的名称来源。

综上所述，ATM 网络采用了统计时分多路复用技术、交换和虚拟式连接，以及基于速率的流量控制等一系列先进技术，使得网络的带宽能够进行最有效地、动态地分配，从而满足用户对带宽、实时性、多媒体等各种应用方面的需求。因此，其主要业务范围的 B-ISDN

用户线路是光纤型的、高速率的、数字化的和 ATM 技术方式的，还能够提高服务质量（QoS）。

3. ATM 局域网使用的主要网络产品

（1）ATM 主机接口卡：用于将主机连接到 ATM 网络上。

（2）ATM 交换机：用于连接 B-ISDN 用户线路和中继线路。ATM 交换机接到 ATM 信元之后，就会根据"信元"中的虚路径标识，将信元转送到相应的用户线路或中继线上。

（3）ATM 互联设备：ATM 路由器、ATM 网桥和 ATM 集中器。

ATM 的主要缺点是组网技术复杂、设备昂贵，影响了其市场推广和技术应用。

3.4.3　FDDI

光纤分布数据接口（Fiber Distributed Data Interface，FDDI）是曾经在实际中应用较多的高速环形网络，是计算机网络技术向高速化阶段发展的第一项高速网络技术，符合的标准是 ANSI X3T9.5。FDDI 使用光纤作为传输介质，信号单向传递，具有距离长、范围大、高速、损耗低、抗干扰性能高等优点。

1. FDDI 网络的主要标准和应用特点

（1）上层使用了 IEEE 802.2 协议，因此可以与符合 IEEE 802 标准的各种局域网兼容。

（2）使用的 IEEE 802.8 标准是基于 IEEE 802.5 的令牌环的介质访问控制方式（MAC）和物理层规范。

（3）高速率，数据传输速率可达 100 Mbps。

（4）多节点，联网的节点数目≤1 000 个，若是双连站（DAS），则为 500 个。

（5）长距离，使用多模光纤的最大站间距离为 2 km，环路长度为 100 km，即光纤长度为 200 km。

（6）高可靠性，FDDI 采用的双环结构和自动光纤旁路开关提高了网络的可靠性能，网络各节点具有自动旁路功能，FDDI 具有"自愈合"能力。

（7）具有动态分配带宽的能力，可以支持同步和异步传输。

2. FDDI 网络的主要应用场合

FDDI 主要用于对可靠性、传输速率与系统容错技术要求较高的场合，在 FDDI 标准中主要描述了以下 4 种应用环境：

（1）后端网络或数据中心环境，一般站点数目不超 50 个，通常是要求可靠、高速和容错，因此通常为双连站。例如，计算机机房网络，计算机机房中的大型计算机与高速外设之间的连接。

（2）前端网络中的"单连站（SAS）"，即建筑物群主干网，通常是指办公室或建筑物群环境。用来连接大量小型机、工作站、微型计算机和外部设备的网络。

（3）校园网主干网（距离达 2 km），用于连接分布在校园内的各建筑群中的各种计算机和局域网。在这种环境中，FDDI 可以作为办公室、建筑物和数据中心环境的网络，以及低速网络之间连接的主干网。

（4）多校园网主干网（距离达 60 km），用于连接分布在相距距离几千米到几十千米的多个校园网、企业网，使之成为一个区域内互联的多校园或多企业的主干网络。

3. FDDI 网络的结构

由于环状网络的最大缺点是可靠性较差，当一段链路或一个站点出现故障时，就会导致整个网络的瘫痪，为了提高网络的可靠性，FDDI 采取了自恢复的功能。其逻辑拓扑结构为"环状"，物理拓扑结构为"环状"、"星状"或"树状"。

4. FDDI 网络的站点连接方式与站点类型

在 FDDI 网络中，工作站、集中器和 FDDI 互联设备等都被称为站点。连接站点的类型主要有双连站和单连站两种，其相应的集中器类型有：双连集中器（DAC）和单连集中器（SAC）两种。

FDDI 网络的主要缺点是价格问题，FDDI 的组网成本比快速以太网高许多，并且因为它只支持光缆和 5 类电缆，所以使用环境受到限制，对传统的以太网兼容性较差，从以太网升级会面临大量的移植问题。随着快速以太网和千兆以太网技术的发展，FDDI 的应用已逐渐减少。

3.5　数据传输控制方式

数据和信息在网络中是通过信道进行传输的，每一台计算机在同一时间内只能由一条物理信道为之服务。由于各计算机共享网络公共信道，因此如何进行信道分配，避免或解决信道争用就成为重要的问题，就要求网络必须具备网络的访问控制功能。介质访问控制（MAC）方法是在局域网中对数据传输介质进行访问管理的方法。传统局域网采用共享介质方式的 CSMA/CD（Carrier Sense Multiple Access with Collision Detection）、令牌传递控制（Token Passing）等方法。但随着 LAN 应用的扩展，这种共享介质方式对任何端口上的数据帧都不加区别地进行传送时，经常会引起网络冲突，甚至阻塞，所以采用交换机、网桥等方法将网络分段，以减少甚至避免网络冲突是目前经常采用的方法。

3.5.1　具有冲突检测的载波侦听多路访问

具有冲突检测的载波侦听多路访问（CSMA/CD）技术是以太网中采用的 MAC 方法，其控制原则是各节点抢占传输介质，即彼此之间采用竞争方法取得发送信息的权利。也可以说，这是一种网络各节点在竞争的基础上随机访问传输介质的方法。

CSMA/CD 介质访问控制方法的工作过程与人际间的交谈方式相似。当多人在一个房间里讨论问题时,每个人都可以发言,一个人发言时其他人都能听到,要避免出现多人同时发言的情况,如果不是主持人控制会场的话,每个人都需要自动遵守某种机制以防止出现"冲突"。一个简单的机制是"先听后讲"和"边讲边听"。这种机制的特点是,每个人在发言前先听听是否有人在讲话,如果有人在讲话,就不要打断别人的讲话,这是所谓的"先听后讲";当等到别人讲完会场静下来后就可以开始讲话了,这时要"边讲边听",判断是否有其他人也在同一时刻开始讲话,即是否发生了碰撞,如果发生了碰撞,就要停下来,按某种机制从头开始。只要大家都能遵守,不用专人控制会场的发言也能正常进行。

与上述的机制类似,CSMA/CD 介质访问控制方法的工作过程如下:

(1)想发送信息的节点首先"监听"信道,看是否有信号在传输。因为采用曼彻斯特编码,信道上只要有信号就很容易被检测到。如果信道空闲,就可以立即发送。

(2)如果信道忙,则继续监听,当传输中的帧最后一个比特通过后,再继续等待一段时间(称为帧间间隙时间 IFG),以提供适当的帧间间隔,然后开始传送。

(3)发送信息的站点在发送过程中同时监听信道,检测是否有冲突发生。因为如果两个站或更多的站都在监听信道和等待发送,而在信道空闲后有可能会同时决定发送数据,这样就会导致冲突的发生。发生冲突的结果是使双方的数据受损。发送方通过接收信道上的数据并与发送的数据进行比较,就可以判断是否发生了冲突。

(4)当发送数据的节点检测到冲突后,就立即停止该次数据传输,并向信道发出长度为 4 字节的"干扰"信号,以确保其他站点也发现该冲突。然后按照"截断式二进制指数回退算法",等待一段随机时间,再尝试重新发送。

目前,常见的局域网,一般都是采用 CSMA/CD 访问控制方法的逻辑总线型网络。用户只要使用以太网网卡,就具备此种功能。

3.5.2　令牌传递控制法

令牌传递控制法(Token Passing)又称为许可证法,其基本原理是:一个独特的被称为令牌的标志信息沿着环状网络依次向每个节点传递,只有获得令牌的节点才有权利发送信息。令牌可以是一位或多位二进制数组成的编码。令牌有"忙"和"空"两种状态,当工作站准备发送信息时,首先要等待令牌的到来,当检测到一个经过它的令牌为"空"状态时,即可以帧为单位发送信息,并将令牌置为"忙"状态附在信息帧的尾部向下一站发送,下一站用按位转发的方式转发经过本站但又不属于本站接收的信息。由于环路令牌是处于"忙"状态,因此其他希望发送信息的工作站必须等待。每个站随时检测经过本站的信息,当查到信息帧中指定的目的地址与本站地址相同时,则一面拷贝全部有关信息,一面继续转发该信息帧，环上的信息帧绕环一周后回到原发送站点予以回收。这种方式传输信息时，发送权一直在源站点的控制之下，只有发送信息帧的源站点放弃发送权，并把令牌置"空"后，其他站点才有机会得到令牌，发送自己的信息。

令牌传递控制法（Token Ring）适用的网络结构为环状拓扑、基带传输。由于环状网只有一条环路，信息只能沿环单向流动，因此不存在路径问题，令牌是隐式地传输到每一个节点上。环路是含有有源部件的信道，环中的每一个节点都具有放大整形作用，负载能力强，对信道的访问控制技术较简单。

3.5.3 网络交换技术

交换又称转换，是在多节点网络中实现数据传输的一种有效手段。在广域范围内，计算机通常使用公用通信信道进行数据交换。在通信子网中，从一台主机到另一台主机传送数据时，可能会经历由多个节点组成的路径，把数据从源节点经过中间交换节点的网络传送到目的地。这些交换节点不关心数据的内容，它们的目的是提供在节点间移动数据的交换设施，直到它们到达目的地。通常将数据在通信子网中节点间的传输过程统称为数据交换，其对应的技术为数据交换技术。

在传统的广域交换网络的通信子网中，使用的数据交换技术有两种：电路交换技术和存储转发交换技术。存储转发交换技术又包括报文交换和分组交换两种。

随着网络应用技术的迅速发展，大量的声音、图像等多媒体数据需要在网络上传输，对网络的带宽和传输的实时性的要求越来越高。传统的电路交换与分组交换方式已经不能适应新型的宽带综合业务服务的需要。为提高交换速度，目前已有多种高速交换方案，例如异步传输模式（ATM）等。从本质上看，ATM 技术是电路交换与分组交换技术相结合的一种高速交换技术，能最大限度地发挥电路交换和分组交换技术的优点。

3.6 广域网

广域网（Wide Area Network，WAN）是在一个广泛范围内建立的计算机网络，在地理上可以跨越很大的距离，实现局域网资源共享与广域网共享的结合。形成地域广大的远程处理和局域网处理相结合的大型网络。如果说局域网技术主要是为实现共享资源这个目标而服务，那么广域网则主要是为了实现广大范围内的远距离数据通信，因此广域网在网络特性和技术实现上与局域网存在明显的差异。Internet 是现今世界上最大的广域网。

广域网通信方式是指连接的局域网之间或终端系统的通信，而不包括局域网的内部通信，实际应用中广域网可与局域网互联，此时局域网可以看成广域网的一个终点系统。局域网或终端用户要接入广域网，要使用电信运营商的服务，目前电信运营商可提供的广域网

（一般称为公网）有公共交换电话网（PSTN）、DDN、帧中继网、ISDN 网和宽带 IP 网，用户接入要通过路由器、调制解调器等设备进行转接服务。

3.6.1 广域网的结构与种类

1. 广域网的结构

广域网分为通信子网与资源子网两部分，主要是由一些广域网节点设备和连接这些设备的链路组成。节点设备执行将分组存储转发的功能。广域网的链路一般分为传输主干和末端用户线路，根据末端用户线路和广域网类型的不同，有多种接入广域网的技术，并提供各种接口标准。广域网节点设备主要有路由器、调制解调器、通信服务器等。

2. 广域网的种类

广域网可以分为公共传输网络、专用传输网络和无线传输网络。

（1）公共传输网络一般是由政府电信部门组建、管理和控制，网络内的传输和交换装置可以提供（或租用）给任何部门和单位使用。

公共传输网络大体可以分为以下两类。

- 电路交换网络：主要包括公共交换电话网（PSTN）和综合业务数字网（ISDN）；
- 分组交换网络：主要包括 X.25 分组交换网、帧中继等。

（2）专用传输网络是由一个组织或团体自己建立、使用、控制和维护的私有通信网络。一个专用网络起码要拥有自己的通信和交换设备，它可以建立自己的线路服务，也可以向公用网络或其他专用网络进行租用。

专用传输网络主要是数字数据网（DDN）。DDN 可以在两个端点之间建立一条永久的、专用的数字通道。它的特点是在租用该专用线路期间，用户独占该线路的带宽。

（3）无线传输网络主要是移动无线网，典型的有 GSM、GPRS 和 4G 技术等。

3.6.2 广域网标准

OSI 参考模型同样适用于广域网，但广域网只涉及低三层：物理层、数据链路层和网络层，它将地理上相隔很远的局域网互联起来。广域网能提供路由器、交换机以及它们所支持的局域网之间的数据分组/帧交换。

1. 物理层协议

广域网的物理层协议描述了如何提供电气、机械、操作和功能的连接到通信服务提供商所提供的服务。广域网物理层描述了数据终端设备（DTE）和数据通信设备（DCE）之间的接口。连接到广域网的设备通常是一台路由器，它被认为是一台 DTE。而连接到另一端的设备为服务提供商提供接口，这就是一台 DCE。

广域网的物理层描述了连接方式，广域网的连接基本上属于专用或专线连接、电路交换连接、分组交换连接等三种类型。许多物理层标准定义了 DTE 和 DCE 之间接口的控制规则，如 EIA/TIA-232、V. 35、X. 21 等。

2. 数据链路层协议

在每个广域网连接上，数据在通过广域网链路前都被封装到帧中。为了确保验证协议被使用，必须配置恰当的第二层封装帧的类型。协议的选择主要取决于广域网的拓扑结构和通信设备。广域网数据链路层协议定义了传输到远程站点的数据帧的封装形式，并描述了在单一数据路径上各系统间的帧传送方式。数据链路层协议主要有点对点协议（PPP）、高层数据链路控制（HDLC）、帧中继、综合业务数字网（ISDN）等。

3. 网络层协议

常用的广域网网络层协议，有 CCITT X. 25 协议和 IP 协议等。

3.6.3 典型广域网技术简介

1. ISDN

综合业务数字网（Integrated Services Digital Network，ISDN）是一种支持语音、图像和数据传输一体化的网络结构。它使用电话载波线路进行拨号连接，因此 ISDN 标准接口一般是在电话线上安装适当的数字开关。

（1）ISDN 接入技术。

ISDN 是在 IDN（综合数字电话网）基础上发展起来的一种先进的网络技术，它的主要目的是使用户至其他用户之间的数据传输全部数字化，以数字化的方式处理各种业务。

当用户使用 2B+D 通道接入时，一条 ISDN 电话线可以提供两条容量为 64 kbps 的 B（基本）通信通道，整个线路的速度，可达到（2×64+16）kbps = 144 kbps。其中，B 通道为信息传输通道，D 通道为数据管理通道（不作为信息传递使用），因此，此方式的最高数据传输速度为 128 kbps。ISDN 接入方式由于使用了数字传输方式，使得信号的抗干扰能力大幅度提高。ISDN 还可以实现多设备同时接入，当一个 B 通道接入时，还可以使用另一个 B 通道作为电话、传真的传输通道，因此两个通道互不干扰，是目前性能价格比最高的一种高速接入方式。

CCITT（国际电报电话咨询委员会）为 ISDN 的标准化制定了一系列国际建议，为指导 ISDN 的发展和应用起到了关键作用。

（2）ISDN 的应用特点。

多种业务的兼容性：ISDN 能够通过一对电话线为用户提供多种综合业务，包括电话、传真、图像、可视电话等。

数字传输：ISDN 能够提供端到端的数字连接，具有优良的传输性能，而且信息的传输速率快。

标准化的用户接口：ISDN 使用了标准化的用户接口，易于接入各种用户终端。标准化的接口能够保证终端间的互通。一个 ISDN 的基本速率用户接口最多可以连接 8 个终端。

费用低廉：ISDN 是通过电话网的数字化发展而成的，因此只需在已有的通信网中添加或更改部分设备即可以构成 ISDN 通信网。ISDN 能够将各种业务综合在一个网内，提高通信网的利用率。

随着人们对以图像为中心的各种高速通信业务的需求日益迫切，CCITT 制定了基于异步传输模式（ATM）的宽带 ISDN（B-ISDN）的技术标准。

ISDN 在 20 世纪 90 年代得到了广泛的应用，随着其他网络技术的出现，ISDN 使用者越来越少，目前主要用于其他广域网接入动态备份链路使用。

2. DDN

数字数据网（Digital Data Network，DDN）是一种利用数字信道提供数据通信的传输网，这主要提供点对点及点到多点的数字专线与专网。

DDN 由数字通道、DDN 节点、网管系统和用户环路组成。DDN 的传输介质主要有光纤、数字微波、卫星信道等。DDN 采用了计算机管理的数字交叉连接技术，为用户提供半永久性连接电路，即 DDN 提供的信道是非交换、用户独占的永久虚电路（PVC）。一旦用户提出申请，网络管理员便可以通过软件命令改变用户专线的路由或专网结构，而无须经过物理线路的改造扩建工程，因此 DDN 极易根据用户的需要，在约定的时间内接通所需带宽的线路。

DDN 为用户提供的基本业务是点到点的专线。从用户角度来看，租用一条点到点的专线就是租用了一条高质量、高带宽的数字信道。用户在 DDN 上租用一条点到点数字专线与租用一条电话专线十分类似。DDN 专线与电话专线的区别在于：电话专线是固定的物理连接，而且电话专线是模拟信道，带宽窄、质量差、数据传输速率低；而 DDN 专线是半固定连接，其数据传输速率和路由可随时根据需要申请改变。另外，DDN 专线是数字信道，其传输数据质量好、带宽宽，并且采用热冗余技术，具有路由故障自动迂回功能。

DDN 专线的主要特点是安全、传输可靠性高，目前主要用于专网互联，如政府专网和银行专网等。

3. 帧中继

帧中继（Frame Relay，FR）技术是由 X. 25 分组交换技术演变而来的，是在 OSI 第二层上用简化的方法传送和交换数据单元的一种技术。

帧中继技术是在分组技术充分发展，数字与光纤传输线路逐渐替代已有的模拟线路，用户终端日益智能化的条件下诞生并发展起来的。随着通信技术的不断发展，特别是光纤通信的广泛使用，通信线路的传输速率越来越高，而误码率却越来越低。为了提高网络的传输速率，帧中继技术省去了 X. 25 分组交换网中的差错控制和流量控制功能，这就意味着帧中继网在传送数据时可以使用更简单的通信协议，而把某些工作留给用户端去完成，这样使得帧中继网的性能优于 X. 25 网。

可以把帧中继看作一条虚拟专线。用户可以在两节点之间租用一条永久虚电路并通过该虚电路发送数据帧，其长度可达 1 600 B。用户也可以在多个节点之间通过租用多条永久虚电路进行通信。实际租用专线（DDN 专线）与虚拟租用专线的区别在于：对实际租用专线，用户可以每天以线路的最高数据传输速率不停地发送数据；而对于虚拟租用专线，用户可以在某一个时间段内按线路最高数据传输速率发送数据，当然用户的平均数据传输速率必须低于预先约定的水平。换句话说，长途电信公司对虚拟专线的收费要少于物理专线。

帧中继技术只提供最简单的通信处理功能，例如帧开始和帧结束的确定以及帧传输差错检查。当帧中继交换机接收到一个损坏帧时只是将其丢弃，帧中继技术不提供确认和流量控制机制。

帧中继具有如下的一些优点：

（1）减少了网络互联的费用。当使用专用帧中继网络时，将不同的源站点产生的通信量复用到专用的主干网上，可以减少在广域网中使用的电路数。多条逻辑连接复用到一条物理连接上可以减少接入费用。

（2）网络的复杂性减少但性能却提高了。与 X. 25 相比，由于网络节点的处理量减少，更加有效地利用高速数据传输线路，帧中继明显改善了网络的性能和响应时间。

（3）由于使用了国际标准，增加了互操作性。帧中继的简化的链路协议实现起来不难。接入设备通常只需要一些软件修改或简单的硬件改动就可支持接口标准。

（4）协议的独立性。帧中继可以很容易地配置成容纳多种不同的网络协议的通信量。可以用帧中继作为公共的主干网，这样可统一所使用的硬件，也更加便于进行网络管理。

根据帧中继的特点，可以知道帧中继适用于大文件（例如高分辨率图像）的传送、多个低速率线路的复用以及局域网的互联。

小 结

本章首先介绍了计算机网络拓扑结构的基本知识，并分别对总线型、星状和环状等基本拓扑结构作了介绍，说明了它们的应用及特点。另外，还简单介绍了其他扩展出来的结构，例如树状、星状环状等。同时，也指出了实际组网中选择拓扑结构的基本原则。

本章着重讲述了计算机网络的体系结构，介绍了开放系统互连参考模型（OSI/RM）的各个层次的功能、特性和相关协议。OSI 参考模型将网络体系分为七层，由低到高分别是：物理层、数据链路层、网络层、传输层、会话层、表示层和应用层。

　　关于数据传输控制方式，本章主要介绍了传统局域网采用的共享介质方式的 CSMA/CD、令牌传递控制等方法。结合前面讲解的数据交换技术，还简单介绍了网络交换技术。

　　对于不同网络结构、网络规模以及网络功能，在实现方法上也有所不同，本章介绍了几种常见的网络类型：传统以太网和快速以太网、10/100 Mbps 自适应以太网、千兆以太网、万兆以太网、ATM 和 FDDI 等，并做了对比分析。

　　要实现网络的互联，大家必须遵守一些共同的规则，在这个规则的管理之下进行网络及各种网络间的互联，这些规则就是网络协议。网络协议很多，但目前广泛使用的通信协议是 TCP/IP 协议，尤其是作为 Internet 使用的协议，它得到广泛的应用和推广。TCP/IP 协议也采用分层体系结构，可分为四层：网络接口层、网际层、传输层和应用层。本章做了比较详细的阐述，并对 TCP/IP 协议与 OSI 参考模型的层次对应关系做了对照比较。

　　最后，本章还介绍了广域网的相关知识和一些典型的广域网技术，包括广域网的结构、种类、标准和 ISDN、DDN、帧中继和 X.25 等。对这些技术，它们的基本原理、功能特性和典型应用，本章都做了简单的讲解。

习　　题

一、选择题

1. 具有结构简单灵活、成本低、扩充性强、性能好以及可靠性高等特点，目前局域网广泛采用的网络拓扑结构是_____。

　　A. 星状结构　　　　　B. 总线型结构　　　　　C. 环状结构　　　　　D. 以上都不是

2. 在局域网中常用的拓扑结构有_____。

　　A. 星状结构　　　　　B. 环状结构　　　　　C. 总线型结构　　　　　D. 树状结构

3. 下面选项中并非正确地描述 OSI 参考模型的是_____。

　　A. 为防止一个区域的网络变化影响另一个区域的网络

　　B. 分层网络模型增加了复杂性

　　C. 为使专业的开发成为可能

　　D. 分层网络模型标准化了接口

4. OSI 参考模型的_____提供建立、维护和有序地中断虚电路、传输差错校验和恢复以及信息控制机制。

　　A. 表示层　　　　　B. 传输层　　　　　C. 数据链路层　　　　　D. 物理层

5. OSI 参考模型的_____完成差错报告、网络拓扑结构和流量控制的功能。

　　A. 网络层　　　　　B. 传输层　　　　　C. 数据链路层　　　　　D. 物理层

6. OSI 参考模型的_____建立、维护和管理应用程序之间的会话。

A. 传输层　　　　　　B. 会话层　　　　　　C. 应用层　　　　　　D. 表示层

7. OSI 参考模型的_____保证一个系统应用层发出的信息能被另一个系统的应用层读出。

A. 传输层　　　　　　B. 会话层　　　　　　C. 表示层　　　　　　D. 应用层

8. OSI 参考模型的_____为处在两个不同地理位置上的网络系统中的终端设备之间，提供连接和路径选择。

A. 物理层　　　　　　B. 网络层　　　　　　C. 表示层　　　　　　D. 应用层

9. OSI 参考模型的_____为用户的应用程序提供网络服务。

A. 传输层　　　　　　B. 会话层　　　　　　C. 表示层　　　　　　D. 应用层

10. 数据链路层在 OSI 参考模型的_____。

A. 第一层　　　　　　B. 第二层　　　　　　C. 第三层　　　　　　D. 第四层

11. OSI 参考模型的上 4 层分别是_____。

A. 数据链路层、会话层、传输层和网络层

B. 表示层、会话层、传输层和应用层

C. 表示层、会话层、传输层和物理层

D. 传输层、会话层、表示层和应用层

12. 在局域网的分类中，_____不是按网络介质访问的方式分的。

A. 令牌通信网　　　　　　　　　　　B. 基带局域网

C. 带冲突检测的载波侦听多路访问网　　D. 以上都不是

13. 在令牌环网中，令牌作用是_____。

A. 向网络的其余部分指示一个节点有限发送数据

B. 向网络的其余部分指示一个节点忙以至不能发送数据

C. 向网络的其余部分指示一个广播消息将被发送

D. 以上都不是

14. IEEE 802 工程标准中的 802.3 协议是_____。

A. 局域网的载波侦听多路访问标准　　B. 局域网的令牌环网标准

C. 局域网的互联标准　　　　　　　　D. 以上都不是

15. 有关控制令牌操作叙述错误的是_____。

A. 用户自己产生控制令牌

B. 令牌沿逻辑环从一个站点传递到另一个站点

C. 当等待发送报文的站点接收到令牌后，发送报文

D. 将控制令牌传递到下一个站点

16. 10Base-T 通常是指_____。

　　A. 细缆　　　　　　B. 粗缆　　　　　　C. 双绞线　　　　　D. 以太网

17. 10Base-2 中的 "2" 代表_____。

　　A. 第二代 10Base　B. 传输距离 200 m　C. 2 对双绞线　　　D. 无意义

18. ATM 数据传输单元是信元，长度为_____B。

　　A. 48　　　　　　　B. 72　　　　　　　C. 8　　　　　　　　D. 53

19. FDDI 是_____。

　　A. 快速以太网　　　　　　　　　　　　B. 千兆以太网

　　C. 光纤分布式数据接口　　　　　　　　D. 异步传输模式

20. TCP/IP 协议在 Internet 中的作用是_____。

　　A. 定义一套网间互联的通信规则或标准　B. 定义采用哪一种操作系统

　　C. 定义采用哪一种电缆互联　　　　　　D. 定义采用哪一种程序设计语言

21. TCP/IP 协议中应用层之间的通信是由_____负责处理的。

　　A. 应用层　　　　　　B. 传输层　　　　　C. 网际层　　　　　D. 链路层

22. TCP/IP 分层模型中的 4 层分别是_____。

　　A. 应用层、传输层、网际层、网络接口层

　　B. 应用层、网络层、数据链路层、物理层

　　C. 应用层、传输层、网际层、物理层

　　D. 应用层、网际层、传输层、网络接口层

23. _____是传输层的协议之一。

　　A. UDP　　　　　　　B. UTP　　　　　　C. TDP　　　　　　D. TDC

24. 下列选项中不是广域网的是_____。

　　A. X. 25　　　　　　B. ISDN　　　　　　C. FDDI　　　　　D. DDN

25. ISDN 网络通常由_____构成。

　　A. 用户网　　　　　　B. 本地网　　　　　C. 长途网　　　　　D. 短途网

26. 帧中继是由_____发展而来的。

　　A. X. 25　　　　　　B. ISDN　　　　　　C. FDDI　　　　　D. 以上都不是

27. DDN 不具有的特点是_____。

　　A. 带宽利用率高　　　　　　　　　　　B. 永久性的数字连接

　　C. 速度快、延迟较短　　　　　　　　　D. 传输质量高

二、简答题

1. 什么是计算机网络的拓扑结构？主要的拓扑结构有哪些？

2. 总线型、星状、环状、树状和星状环状拓扑结构的特点各是什么？并画出它们的拓扑结构示意图。

3. 什么是 ISO/OSI 参考模型? 其主要特点是什么?

4. OSI 参考模型包括哪些层次? 每一个层次的主要功能是什么?

5. 目前局域网常用的介质访问控制方法主要有哪些? 试分别简述它们的主要特点。

6. 简述 10Base-5、10Base-2 和 10Base-T 标准的基本规则。

7. 快速以太网的 100Base-T 包括哪些内容?

8. 千兆以太网包括哪些内容? 简述它的主要特点。

9. 什么是 ATM 和 ATM 局域网? 指出它的基本特征。

10. FDDI 的主要特点有哪些? 它和以太网相比, 优缺点各有哪些?

11. 简述 TCP/IP 的体系结构, 并简要说明各层的功能。

12. TCP/IP 协议有哪些特点?

13. 简述 TCP/IP 模型与 OSI 参考模型的区别与联系。

14. 什么是广域网? 广域网和局域网技术相比有什么不同?

15. 简述 ISDN 的特点。

16. 简述帧中继的特点。

17. 什么是 DDN? 简要说明 DDN 包括的主要内容。

18. 什么是 X.25? 简述 X.25 的主要特点。

第4章　结构化布线系统

建筑物结构化布线系统（Premises Distribution System，PDS）的兴起与发展，是计算机技术和通信技术发展的结果，也是建筑设计与信息技术相结合的产物，是计算机网络工程的基础。

4.1　结构化布线系统的组成

4.1.1　结构化布线系统概述

1. 智能大厦的概念

智能大厦的概念是随着计算机技术和现代通信技术的迅速发展，以及人们对信息共享的强烈需求而产生的。智能大厦指利用系统集成方法，将计算机技术、通信技术、信息技术与建筑艺术有机结合，通过对设备的自动监控，对信息资源的管理和对使用者的信息服务及其与建筑的优化组合，使投资合理、适合信息社会要求，并具有安全、高效、舒适、便利与灵活等特点的建筑物。

智能大厦、智能小区已成为新世纪的开发热点。智能大厦是信息时代的必然产物，是计算机系统应用的重大方向。

智能大厦一般包括：

（1）楼宇自动控制系统（BA），包括变配电监测子系统、照明监控子系统、空调监控子系统、送排风监控子系统、给排水监控子系统、电梯系统的监测。

（2）通信自动化系统（CA），包括闭路电视监控系统、防盗报警系统、门禁系统、巡更系统。

（3）计算机网络系统（CN）。

（4）办公自动化系统（OA）。

（5）背景音乐与公共广播系统。

（6）程控交换机系统。

（7）智能卡系统。

（8）视频广播、视频点播系统等。

2. 结构化布线系统的概念

在一个现代化的建筑内，除了具有电话、视频、空调、消防、动力电线、照明电线以外，信息传递的连接线路也是不可缺少的。结构化布线系统是指在建筑物或楼宇内安装的传输线路，是一个用于语音、数据、影像和其他信息技术的标准结构化布线系统，以使语音和数据通信设备、交换设备和其他信息管理系统彼此相连，并使这些设备与外部通信网络连接。布线系统是由许多部件组成的，主要有传输介质、线路管理硬件、连接器、插座、插头、适配器、传输电子线路、电器保护设施等，并由这些部件来构造各种子系统。

结构化布线系统与传统的布线系统的最大区别在于：结构化布线系统的结构与当前所连接的设备的位置无关。在传统的布线系统中，设备安装在哪里，传输介质就要铺设到哪里；结构化布线系统则是先按建筑物的结构，将建筑物中所有可能放置设备的位置都预先布好线，然后再根据实际所连接的设备情况，通过调整内部跳线装置，将所有设备连接起来。同一条线路的接口可以连接不同的通信设备，如电话或计算机。

由此可见，综合布线只是智能大厦的一部分，但有了综合布线就相当于建立了"高速公路"，想跑什么"车"，想上什么系统，那就变得非常简单了。

3. 结构化布线系统的优点

（1）结构清晰，便于管理和维护。过去的布线方法是将各种各样设施的布线分别进行设计和施工，例如电话系统、消防系统、安全报警系统、能源管理系统等都是独立进行的。一座自动化程度较高的大楼内，各种线路如麻，拉线时在墙上打洞，在室外挖沟，真可谓"填填挖挖挖挖填，修修补补补补修"，不但难以管理，布线成本高，而且功能不足，不适应形势发展的需要。综合布线就是针对这些缺点而采取的标准化措施，实现了统一设计、统一材料、统一布线、统一安装施工，使结构清晰，便于集中管理和维护。

（2）材料统一先进，适应今后的发展需要。结构化布线系统一般会采用先进的材料，例如5类非屏蔽双绞线，其传输速率可以达到100 Mbps，目前已经得到广泛使用的还有超5类双绞线、6类双绞线，传输速率也在不断提高，一般能够满足未来通信发展的需要。

（3）灵活性强，适应各种不同的需求。结构化布线系统使用起来非常灵活。一个标准的插座既可以接入电话，又可以用来连接计算机，也适应各种不同拓扑结构的局域网。

（4）便于扩充，节约费用，提高了系统的可靠性。结构化布线系统采用的冗余布线和星状结构布线方式既提高了设备的工作能力又便于用户扩充。传统布线由于不使用配线架等部件，一次造价成本比综合布线要低一些，但在综合布线情况下，统一安排线路走向和统一施工可减少使用大楼的空间，美观大方，尤其是在需要改变连接或扩充时，优势十分明显。

4. 结构化布线系统标准

智能建筑已逐步发展成为一种产业，和计算机、建筑等行业一样，也必须有标准规范。目前，已出台的结构化布线系统及其产品、线缆、测试标准主要有：

（1）EIA/TIA 568 商用建筑物电信电缆敷设标准。

（2）ISO/IEC 11801 国际标准。

（3）EIA/TIA TSB 67 非屏蔽双绞线系统传输性能验收规范。

（4）欧洲标准包括 EN50167、EN50168、EN50169，它们分别为水平配线电缆、跳线和终端连接电缆以及垂直配线电缆。

美国 EIA 和 TIA 组织共同提出的一套规范化的智能大楼布线系统标准 EIA/TIA 568 标准应用最为广泛，它将所有的语音信号、数字信号、视频信号以及监控系统的配线，经过统一规划设计，综合在一套标准系统内。这套标准系统不仅能为用户提供电信服务，而且能为用户提供通信网络服务、安全报警服务、监控管理服务。这个系统具有很大的灵活性，在各种设备位置改变、局域网结构变化时，不需要重新进行布线，只要在配线间进行适当的布线调整即可实现。这样的系统可以满足不同用户的需要，能够适应用户需求变化的需要。

中国工程建设标准化协会在 1995 年颁布了《建筑与建筑群综合布线系统工程设计规范》，标志着结构化布线系统在我国也开始走向正规化、标准化。1997 年该协会颁布了《中华人民共和国通信行业标准 大楼通信综合布线系统》。

5. 结构化布线系统结构

理想的布线系统表现为：支持语音应用、数据传输、影像影视，而且最终能支持综合型的应用。由于综合型的语音和数据传输的网络布线系统选用的线材、传输介质是多样的，一般用户可以根据自己的特点，选择布线结构和线材。

结构化布线系统（PDS）采用模块化设计和分层星状拓扑结构，可分为 6 个独立的子系统（模块）：

（1）工作区子系统（Work Area Subsystem）：由终端设备到信息插座的连接（软线）组成。

（2）水平干线子系统（Horizontal Backbone Subsystem）：将电缆从楼层配线架连接到各用户工作区的信息插座上，这些用户一般处在同一楼层。

（3）垂直干线子系统（Riser Backbone Subsystem）：将主配线架与各楼层配线架系统连接起来。

（4）管理子系统（Administration Subsystem）：将垂直电缆线与各楼层水平布线子系统连接起来。

（5）设备子系统（Equipment Subsystem）：将各种公共设备（例如计算机主机、数字程控交换机，各种控制系统，网络互联设备）等与主配线架连接起来。

（6）建筑群主干线子系统（Campus Backbone Subsystem）：将一个建筑物中的电缆延伸到另一个建筑物的通信设备和装置。

以上各组成部分构成一个有机的整体，如图 4-1 所示。

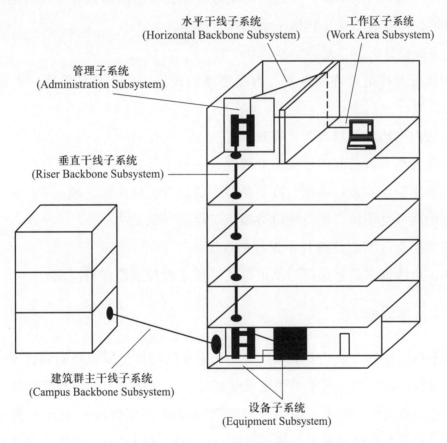

图 4-1　结构化布线系统

4.1.2　工作区子系统

在综合布线中，一个独立的需要设置终端设备的区域称为一个工作区，工作区子系统又称为服务区子系统，它是由终端设备及其连接到水平子系统信息插座的接插软线等组成。它包括信息插座、信息模块、网卡和连接所需的跳线，并在终端设备和输入/输出之间搭接，相当于电话配线系统中连接话机的用户线和话机终端部分，如图 4-2 所示。

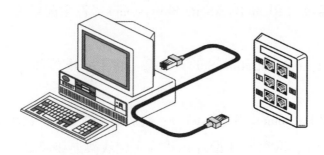

图 4-2 工作区子系统

在进行终端设备和 I/O 连接时，可能需要某种传输电子装置，但这种装置并不是工作区子系统的一部分。例如，调制解调器能为终端与其他设备之间的兼容性传输距离的延长提供所需的信号转换，但它并不是工作区子系统的一部分。

工作区子系统设计时要注意以下要点：

（1）工作区可支持电信终端设备、数据终端的设置、还支持计算机、电视机及监视器等终端设备的设置。

（2）工作区内线槽要布局合理、美观。

（3）从信息插座到设备间的连线用双绞线，一般不要超过 5 m。

（4）信息插座需要安装在墙壁上或不易碰到的地方，插座距离地面 30 cm 以上。

（5）购买的网卡类型接口要与线缆类型接口保持一致。

（6）插座和插头（与双绞线）不要接错线序。

（7）工作区内线槽、信息插座与供电电线、插座按照规范保持距离。

4.1.3 水平干线子系统

水平干线子系统也称为水平子系统，它是从工作区的信息插座开始到管理间子系统的配线架，结构一般为星状结构。水平干线子系统总是在一个楼层上，仅与信息插座、管理间连接。在结构化布线系统中，水平干线由 4 对 UTP（非屏蔽双绞线）组成，能支持大多数现代化通信设备，如果有强电磁场干扰或需要信息保密时可用屏蔽双绞线。在高宽带或长距离应用时，可以采用光纤。

从用户工作区的信息插座开始，水平干线子系统在交叉处连接，或在小型通信系统中的以下任何一处进行互联：远程（卫星）通信接线间、干线接线间或设备间。在设备间中，当终端设备位于同一楼层时，水平干线子系统将在干线接线间或远程通信（卫星）接线间的交叉连接处连接。在水平干线子系统的设计中，综合布线的设计必须具有全面介质设施方面的知识，能够向用户提供完善而又经济的设计。设计时要注意以下要点：

（1）水平干线子系统用线一般为双绞线。

（2）长度一般不超过 90 m。

（3）用线必须走线槽或在天花板吊顶内敷设的桥架、金属软管、PVC 管内布线，尽量不走地面线槽。

（4）传输速率要求为 10 Mbps 时可采用 3 类双绞线，传输速率要求达到 100 Mbps 时可采用 5 类双绞线或超 5 类双绞线。

（5）确定距接线间距离最近、最远的输入/输出位置。

（6）计算水平区所需线缆长度。

4.1.4　管理子系统

管理线缆及相关连接硬件的区域称为管理区，它由配线间的线缆、配线架及相关接插软线等组成，它采用交连或互联等方式管理垂直干线子系统和水平子系统的线缆。管理子系统提供了与其他子系统连接的手段，使整个综合布线及其连接的应用系统设备、器件等构成了一个有机的应用系统，其主要设备是配线架（如图 4-3 所示）、网络设备和机柜、电源。

交连（交叉连接）和互联允许将通信线路定位或重定位在建筑物的不同部分，以便能更容易地管理通信线路。I/O 位于用户工作区和其他房间或办公室，使在移动终端设备时能够方便地进行插拔。

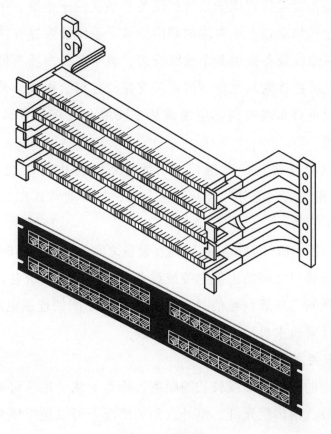

图 4-3　配线架

在使用跨接线或插入线时，交叉连接允许将端接在单元一端的电缆上的通信线路连接到端接在单元另一端的电缆上的线路。跨接线是一根很短的单根导线，可将交叉连接处的两根导线端点连接起来；插入线包含几根导线，而且每根导线末端均有一个连接器。插入线为重新安排线路提供了一种简易的方法。

互联与交叉连接的目的相同，但它不使用跨接线或插入线，只使用带插头的导线、插座、适配器。互联和交叉连接也适用于光纤。

管理子系统设计时要注意以下要点：

（1）配线架的配线对数可由管理的信息点数决定。

（2）利用配线架和跳线功能，可使布线系统具有灵活性。

（3）配线设备一般由光纤接续箱和双绞线配线架组成。

（4）管理子系统应有足够的空间放置配线架和网络设备（Hub、交换机等）。

（5）有 Hub、交换机的地方要配有专用稳压电源。

（6）保持一定的温度和湿度，保养好设备。

4.1.5 垂直干线子系统

垂直干线子系统也称为骨干子系统，它是整个建筑物结构化布线系统的一部分。它提供建筑物的干线电缆，是负责连接管理子系统到设备子系统的子系统，一般使用光纤或大对数双绞线。它也提供了建筑物垂直干线电缆的路由。该子系统通常是在两个单元之间，特别是在位于中央节点的公共系统设备提供多个线路设施。该子系统由所有的布线电缆组成，或由导线和光纤以及将此光纤连接到其他地方的相关支撑硬件组合而成。传输介质可能包括一幢多层建筑物的楼层之间垂直布线的内部电缆或从主要单元（例如计算机房或设备间）和其他干线接线间来的电缆。

为了与建筑群的其他建筑物进行通信，干线子系统将中继线交叉连接点和网络接口（由电话局提供的网络设施的一部分）连接起来。网络接口通常放在与设备相邻的房间。

垂直干线子系统还包括：

（1）垂直干线或远程通信（卫星）接线间、设备之间的竖向或横向的电缆走向用的通道。

（2）设备间和网络接口之间的连接电缆或设备与建筑群子系统各设施间的电缆。

（3）垂直干线接线间与各远程通信（卫星）接线间之间的连接电缆。

（4）主设备间和计算机主机房之间的干线电缆。

设计时要注意以下要点：

（1）如果需要较高的传输速率或较长的距离，垂直干线子系统可选用光纤。

（2）室内光纤一般选用多模光纤，室外远距离情况下可以是单模光纤。

（3）垂直干线电缆要有适当的保护，以免遭到破坏。

（4）确定每层楼的干线数量要求。

4.1.6　建筑群主干线子系统

建筑群主干线子系统也称为园区子系统，它是将一个建筑物中的电缆延伸到另一个建筑物的通信设备和装置，通常是由光纤和相应设备组成，建筑群子系统是结构化布线系统的一部分，它支持楼宇之间通信所需的硬件，其中包括导线电缆、光纤以及防止电缆上的脉冲电压进入建筑物的电气保护装置。

在建筑群子系统中，会遇到室外敷设电缆问题，一般有三种情况：架空电缆、直埋电缆、地下管道电缆，或者是这三种的任意组合，具体情况应根据现场的环境来决定。设计要点与垂直干线子系统相同。

4.1.7　设备子系统

设备子系统也称设备间子系统。设备子系统由电缆、连接器和相关支撑硬件组成。它把各种公共系统设备的多种不同设备互联起来，其中包括邮电部门的光纤、同轴电缆、程控交换机等。设计时要注意以下要点：

（1）设备间要有足够的空间保障设备的存放。

（2）设备间要有良好的工作环境，如温度、湿度。

（3）设备间应按机房建设标准设计。

4.2　双绞线的应用

无论是模拟信号还是数字信号，也无论是广域网还是局域网，双绞线都是最常用的传输介质。下面介绍双绞线的特性、种类、线序标准以及与双绞线有关的设备。

4.2.1　双绞线的特性

1. 物理特性

双绞线由两根具有绝缘保护层的铜导线组成，把两根绝缘的铜导线按一定的绞合度互相绞在一起，可降低信号的干扰程度，每一根导线在传输中辐射出来的电波会被另一根线上发出的电波抵消。双绞线一般由两根 22 号或 24 号或 26 号绝缘铜导线相互缠绕而成，如果把一对或多对双绞线放在一个绝缘套管中，便成了双绞线电缆。双绞线电缆的结构如图 4-4 所示。

目前，双绞线可分为非屏蔽双绞线（Unshielded

图 4-4　双绞线电缆

Twisted Pair，UTP）和屏蔽双绞线（Shielded Twisted Pair，STP）。屏蔽双绞线由外部保护层、屏蔽层与多对双绞线组成。非屏蔽双绞线由外部保护层与多对双绞线组成。

2. 传输特性

采用双绞线的局域网络的带宽取决于所用导线的质量、导线的长度及传输技术，只要精心选择和安装双绞线，就可以在有限距离内达到 10～100 Mbps 的可靠传输速率，当距离很短并且采用特殊的电子传输技术时，传输速率可达 100～155 Mbps 甚至更高。

3. 连通性

双绞线主要用于点到点连接，一般不用于多点连接。

4. 地理范围

局域网中的双绞线主要用于一个建筑物内或几个建筑物内，在 100 Mbps 速率下传输距离可达 100 m。

5. 抗干扰性

抗干扰性的实现取决于适当的屏蔽以及在一束线中的相邻线对使用不同的绞合度，双绞线的类型不同，抗干扰性差异很大。

6. 价格

双绞线的价格低于其他传输介质，并且安装、维护方便。

总之，由于双绞线电缆具有直径小、重量轻，易弯曲、易安装，具有阻燃性、独立性和灵活性，将串扰减至最小或加以消除等优点，因此在计算机网络布线中应用极为广泛。当然，由于其传输距离短、传输速率较慢等，因此还需要与其他传输介质配合使用。

4.2.2　双绞线的种类

国际电气工业协会（EIA）根据双绞线的特性进行了分类，主要有 1 类、2 类、3 类、4 类、5 类、超 5 类、6 类、超 6 类、7 类，各类双绞线的主要特性和应用如表 4-1 所示。

表 4-1　各类双绞线的主要特性和应用

类型	传输速率/bps	传输信号类型	应用
1 类	20 k	模拟信号	电话线路
2 类	1 M	模拟信号和 1 M 的数字信号	一般通信线路
3 类	10 M	模拟信号和数字信号	以太网和令牌环网
4 类	20 M	模拟信号和数字信号	令牌环网
5 类	100 M	模拟信号和高速数字信号	高速以太网、ATM、FDDI
超 5 类	155 M	模拟信号和高速数字信号	高速以太网、ATM
6 类	M	模拟信号和高速数字信号	高速以太网、ATM
超 6 类	500 M	模拟信号和高速数字信号	高速以太网、ATM
7 类	600 M	模拟信号和高速数字信号	高速以太网、ATM

4.2.3 双绞线线序标准和插头

现行双绞线电缆中一般包含 4 个双绞线对，具体为橙/橙白、蓝/蓝白、绿/绿白、棕/棕白。双绞线接头为国际标准的 RJ-45 插头和插座。

1. RJ-45 头的接线标准

RJ-45 头的接线标准有两个：T568A/T568B，如图 4-5 所示。8 根线要根据标准插入到插头中。

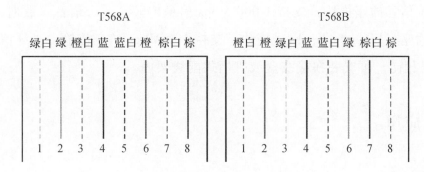

图 4-5 RJ-45 头的接线标准

T568A/T568B 二者没有本质的区别，只是颜色上的区别，本质的问题是要保证：

1，2 线对是一个绕对

3，6 线对是一个绕对

4，5 线对是一个绕对

7，8 线对是一个绕对

注意：电缆两边的接线标准要统一，不要在电缆一端用 T568A，另一端用 T568B，T568A/T568B 的混用是跨接线（又称"级联线"）的特殊接线方法，工程中使用比较多的是 T568B 标准。

2. RJ-45 头的制作

（1）首先将双绞线电缆套管，自端头剥去大于 20 mm，露出 4 对线。

（2）将双绞线反向缠绕开。

（3）根据上述标准排线（注意这里非常重要）。

（4）铰齐线头。

（5）插入插头。

（6）用打线钳夹紧。

（7）使用测试仪测试。

4.2.4 信息插座的类型

信息插座类型有很多，安装方式也各不相同，要根据应用系统的具体情况，选定信息插座的类型和确定信息插座的数量。

（1）3 类信息插座模块：支持 16 Mbps 信息传输，适合语音应用。

（2）5 类信息插座模块：支持 155 Mbps 信息传输，适合语音、数据、视频应用。

（3）超 5 类信息插座模块：支持 622 Mbps 信息传输，适合语音、数据、视频应用。

（4）千兆位信息插座模块：支持 1 000 Mbps 信息传输，适合语音、数据、视频应用。

（5）光纤插座（Fiber Jack，FJ）模块：支持 100 Mbps 信息传输，光纤信息插座外形与 RJ-45 信息插座相同，可安装在接线盒或机柜式配线架内。

4.3 光纤的应用

4.3.1 光纤的传输原理和种类

光纤为光导纤维的简称，由直径大约为 0.1 mm 的细玻璃丝构成。它透明、纤细，虽比头发丝还细，却具有把光封闭在其中并沿轴向进行传播的性能。光纤通信就是因为光纤的这种神奇性能而发展起来的以光波为载频、以光导纤维为传输介质的一种通信方式。

由于光纤通信具有一系列优异的特性，因此，光纤通信技术近年来发展迅速。可以说这种新兴技术是信息新技术革命的重要标志，又是未来信息社会中各种信息网的主要传输工具。

1. 光纤的传输原理

光纤通过内部的全反射来传输一束经过编码的光信号。光波通过光纤内部全反射进行光传输，由于光纤的折射指数高于外部包层介质折射指数，因此可以形成光波在光纤与外部包层的界面上的全反射，以小角度进入纤维的光沿纤维反射，而大角度的折射线被保护层吸收。

2. 光纤通信系统

光纤通信系统是以光波为载体、光导纤维为传输介质的通信方式，起主导作用的是光源、光纤、光发送机和光接收机。光纤传输系统的结构如图 4-6 所示。

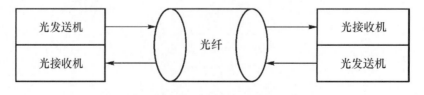

图 4-6　光纤传输系统结构示意图

（1）光源：是光波产生的根源。光纤系统使用两种不同类型的光源：发光二极管（Light Emitting Diode，LED）和注入型激光二极管（Injection Laser Diode，ILD）。发光二极管是一种固态器件，当电流通过时就发出光。注入型激光二极管也是一种固态器件，它根据激光器原理进行工作。发光二极管价格较低，工作在较大的温度范围内，并且有较长的工作周期。注入型激光二极管的效率较高，而且可以保持很高的数据传输速率。

（2）光纤：是传输光波的导体。

（3）光发送机：负责产生光束，将电信号转变为光信号，再把光信号导入光纤。

（4）光接收机：负责接收从光纤上传输过来的光信号，并将它转变为电信号，经解码后再作相应处理。

3. 光纤通信系统的主要优点

（1）传输频带宽、信息容量大，短距离时其数据传输速率能达几 Gbps。

（2）线路损耗低、传输距离远，在不使用中继器的情况下，传输距离可达几十至上百公里。

（3）抗干扰能力强，光的传输不受外界电磁干扰与噪声的影响，能在长距离、高速率的传输中保持低误码率（可以低于 10^{-10}），因此光纤传输的安全性和保密性极好，应用范围广泛。

（4）线径细、质量小。

（5）抗化学腐蚀能力强。

正是由于光纤的以上优点，使得从 20 世纪 80 年代开始，宽频带的光纤逐渐代替窄频带的金属电缆。但是，光纤本身也有缺点，如质地较脆、机械强度低就是它的致命弱点。稍不注意，光纤就会折断于外皮中。施工人员要有比较好的切断、连接、分路和耦合技术。当然，随着技术的不断发展，光纤施工的复杂度也在不断降低。

4. 光纤的种类

在结构化布线系统中，光纤不但支持 FDDI 主干、1000Base-FX 主干、100Base-FX 到桌面、ATM 主干和 ATM 到桌面，还可以支持 CATV/CCTV 及光纤到桌面（FTTD），因而它和铜缆共同成为结构化布线中的主角。

根据光在光纤中的传播方式，光纤分为单模光纤和多模光纤两种。

（1）单模光纤（Single Mode Fiber，SMF）：是指光纤的光信号仅与光纤轴成单个可分辨角度的单光线传输，其纤芯直径很小（一般为 8~10 μm），在给定的工作波长上只能以单一模式传输，这样可完全避免模态色散，使得传输频带很宽，传输容量很大。光信号可以沿着光纤的轴向传播，因此光信号的损耗很小，离散也很小，传播的距离较远，这种光纤适用于大容量、长距离的光纤通信。

（2）多模光纤（Multi Mode Fiber，MMF）：是指光纤的光信号与光纤轴成多个可分辨角度的多光线传输。多模光纤在给定的工作波长上，能以多个模式同时传输光信号，其纤芯直径一般为 50～200 μm。与单模光纤相比，多模光纤的传输性能较差。多模光纤又分为多模突变型光纤和多模渐变型光纤。前者纤芯直径较大，传输模态较多，因而频带较窄，传输容量较小；后者纤芯中折射率随着半径的增加而减少，频带较宽，传输容量较大，目前一般都应用后者。

4.3.2　光纤连接

EIA/TIA-568A 布线标准推荐使用 62.5/125 μm 多模光纤、50/125 μm 多模光纤和 8.3/125 μm 单模光纤。在网络结构化布线系统中，光纤的应用越来越广泛，但是它的连接件的制作技术却不易普及，下面对光纤连接器的制作与光纤连接头技术进行简单介绍。

1. 光纤连接器的主要部件

在光纤连接的过程中，主要有 STII 连接器和 SC 连接器。

STII 连接插头用于光纤的端点，此时光纤只有单根光纤的交叉连接或以互联的方式连接到光电设备上。在所有的单工终端应用中，结构化布线系统均使用 STII 连接器。

连接器的部件有：连接器体、套管、缓冲器、光纤缆支撑器、扩展器、保护帽。

2. 光纤连接器的制作工艺

光纤连接器有陶瓷和塑料两种材质，它的制作工艺分为磨光、金属圈两种，但目前有些公司推出了新产品，采用压接方法。

（1）PF 磨光方法：PF（Protruding Fiber）是 STII 连接器使用的磨光方法。STII 使用铅陶质平面的金属圆，必须将光纤连接器磨光直至陶质部分。不同材料的金属圈，需要使用不同的磨光程序和磨光纸，经过正确的磨光操作后，将露出 1～3 μm 的光纤，当连接器进行耦合时，唯一的接触部分就是光纤。

（2）PC 磨光方法：PC（Pcgsica Contact）是 STII 连接器使用的圆顶金属连接器的交接。在 PC 磨光方法中，圆顶的顶正部位恰好配合金属圈上光纤的位置，当连接器交接时，唯一产生接触的地方在圆顶的部位，并构成紧密的接触。

PC 磨光方法可得到较佳的回波耗损，目前工程上常采用这种方法。

（3）压接式光纤连接头技术：压接式光纤连接头技术是安普公司的专利压接技术，它使光纤端口与安装过程变得快速、整洁和简单，有别于传统的烦琐过程。这种被称为 Light Crimp Plus 接头的特性为：易于安装，不需要打磨（出厂时即进行了高质打磨），直接端接，低人工成本，与 EIA/TIA、IEC、CECC 及 EN 标准兼容。

因为 AMP Light Crimp Plus 连接头是在工厂打磨好的，因此，安装时需要做的工作是：拨开线缆、切断光纤、压好接头。这样，在节省时间的同时，还可以保障质量。

3. 光纤连接装置

光纤连接装置是光纤线路的端接和交连的地方，它可以是一个固定的盒子，也可以是一个可抽出的抽屉。它的模块化设计允许灵活地把一个线路直接连到一个设备线路或利用短的互联光缆把两条线路交连起来。可用于光缆端接，带状光缆、单根光纤的接合以及存放光纤的跨接线。

所有的光纤装置均可安装在 19 英寸的标准机柜上，也可直接挂在设备间或配线间的墙壁上。设计时，可根据功能和容量选择光纤连接装置。建筑物光缆或室外光缆均可直接连到此类架子上，该类架子还可存放光纤的松弛部分，并保持 3.8 cm 的最小弯曲半径。

4.4 布线系统的测试技术

局域网的安装是从电缆开始的，电缆是网络最基础的部分。据统计，大约 50% 的网络故障与电缆有关。所以电缆本身的质量以及电缆安装的质量都直接影响网络能否健康地运行。此外，很多布线系统是在建筑施工中进行的，电缆通过管道、地板或地毯铺设到各个房间。当网络运行时发现故障是电缆引起时，此时就很难或根本不可能再对电缆进行修复，即使修复其代价也相当昂贵，所以最好的办法就是把电缆故障消灭在安装过程中。目前使用最广泛的电缆是同轴电缆和非屏蔽双绞线 UTP。当前绝大部分用户出于将来升级到高速网络的考虑，大多安装 UTP 5 类线或超 5 类线。那么如何检测安装的电缆是否合格，它能否支持将来的高速网络，用户的投资是否能得到保护就成为关键问题，这也就是电缆测试的重要性。电缆测试一般可分为两个部分：电缆的验证性测试和电缆的认证性测试。

4.4.1 验证性测试

电缆的验证性测试是测试电缆的基本安装情况。例如电缆有无开路或短路，UTP 电缆的两端是否按照有关规定正确连接，同轴电缆的终端匹配电阻是否连接良好，电缆的走向如何等。这里要特别指出的一个错误是串绕，所谓串绕，就是将原来的两对线分别拆开而又重新组成新的绕对。因为这种故障的端与端连通性是好的，所以万用表是查不出来的，只有专用的电缆测试仪（例如 Fluke 620 或 Fluke DSP-100）才能检查出来。串绕故障不易发现是因为当网络低速运行或流量很低时其表现不明显，而当网络繁忙或高速运行时其影响极大。这是因为串绕会引起很大的近端串扰（NEXT）。

电缆的验证测试要求测试仪器使用方便、快速。例如 Fluke 620，它在不需要远端单元时就可完成多种测试，为用户提供了极大的方便。

4.4.2　认证性测试

电缆的认证性测试是指电缆除了正确的连接以外，还要满足有关的标准，即安装好的电缆的电气参数（例如衰减、近端串扰等）是否达到有关标准中所要求的指标，这类标准有 TIA、IEC 等。关于 UTP 5 类线的现场测试指标已于 1995 年 10 月正式公布，这就是 TSB 67 标准，该标准对 UTP 5 类线的现场连接和具体指标都做了规定，同时对现场使用的测试器也做了相应的规定。

所有网络安装公司都应对安装的电缆进行测试，并出具可供认证的测试报告。

4.4.3　常用测试工具

1. Fluke 620 局域网电缆测试仪

Fluke 620 是先进的单端电缆测试仪，进行电缆测试时不需要在电缆的另外一端连接远端单元即可进行电缆的通断、距离、串绕等测试。这样就不必等到电缆全部安装完毕再开始测试，可以随装随测，发现故障可以立即得到纠正，所以省时又省力。如果使用远端单元还可查出接线错误以及电缆的走向等。

Fluke 620 的主要功能：

（1）单端测试电缆每对的连接，无须远端单元，实现单人操作。

（2）测试局域网的各种电缆（UTP、STP、FTP、COAX）和连接方式（RJ-45 和 BNC）。按照 EIA/TIA 568 布线标准测试端到端的连通性、单端测量电缆长度、报告电缆故障（开路/短路/错对/串绕）。

（3）可做布线/连通故障定位，显示开路和短路的距离。

2. Fluke DSP-100 电缆测试仪

精度是布线认证测试仪的基础，DSP-100 是满足 TSB 67 标准中对"Basic Link（基本链路）"和"Channel（通道）"连接的认证级精度（二级精度）要求测试仪，可以迅速地识别并定位和分析各类布线故障，例如，连接故障和电缆电气性能故障。此外，其专利的双向时域串扰分析技术（TDXTM）可以在很短的时间内精确地定位串扰的具体位置。这些故障可能来自不良的安装工艺、性能差的部件以及局部电缆的损坏等。

DSP-100 可存储 1 000 多个 TIA TSB 67 的测试结果或 600 个 ISO 的测试结果。而简单易用的视窗环境下的免费 DSP-Link 软件，更可以十分方便地将仪器的所有测试结果下载至计算机，用户可以自行输出像网络分析仪一样的链路性能分析图。DSP-Link 软件全面支持中文显示和测试报告的输出和打印。此外，DSP-Link 还可以对 DSP-100 的软件进行升级。

光缆测试选件 FTK 可方便地连接至 DSP-100 主机来完成 850/1300 多模光纤的光功率损

耗的测试，并可根据通用的光缆测量标准给出通过和不通过的测试结果。也可以使用另外的 1310 和 1550 激光光源来测量单模光缆的光功率损耗。

3. Fluke DSP–2000 电缆测试仪

DSP–2000 具备 DSP–100 的全部功能，并且，DSP–2000 可以迅速地识别并定位和分析各类布线故障，例如，连接故障和电缆电气性能故障。此外，其双向时域串扰分析技术（TDXTM）可以在很短的时间内精确地定位串扰的具体位置。这些故障可能来自不良的安装工艺、性能差的部件以及局部电缆的损坏等。

DSP–2000 是在测试电缆的 NEXT 时能识别由外部环境噪声干扰电缆的测试仪，从而避免将外部噪声（如荧光灯、无线电通信等）干扰误认为是 NEXT，误导对故障的查找或测试出现精度问题。

4. Fluke DSP–4000/4100 电缆测试仪

Fluke 公司新推出的 DSP–4000/4100 在精度和稳定性上优于 DSP–100 和 DSP–2000。随着带宽的不断增大以及动态量程的不断加宽，电缆的现场测试越来越困难。DSP–4000/4100 可以较精确地测量各种性能的电缆，支持国际最新标准的各项指标，包括近端串扰、等效远端串扰、综合近端串扰、综合等效远端串扰、衰减、衰减串扰比、传输时延，时延差和回波损耗等。

DSP–4000/4100 能够迅速地识别和定位被测链路中的开路、短路和连接异常等问题。只需要按一下故障信息键（FAULT–INFO），DSP–4000/4100 便开始自动测试链路的故障并以图形方式显示故障在链路中的位置。利用高精度时域串扰（HDTDX）和高精度时域反射（HDTDR）技术，DSP–4000/4100 能够找出链路中串扰的具体位置，并给出故障点与测试仪的准确距离。

各个厂商都有各自的 6 类电缆系统，包括电缆和连接器都是独特的。DSP–4000/4100 中加入了灵活的接口，以便与各个厂商的专用连接器进行匹配。这些可选择的适配器使 DSP–4000/4100 可以适应很多系统，确保测试不同链路时的准确性。

4.5 结构化布线系统工程安装施工

过去，由于国内大多数结构化布线系统工程采用国外厂商的产品，且其工程设计、安装施工以及竣工验收通常由国外厂商或其代理商组织实施，没有统一标准，因此，在工程中存在不少问题。1997 年以来，我国住房和城乡建设部相继发布了一系列有关结构化布线系统工程的管理文件，为规范工程的安装和施工创造了条件。随着结构化布线系统产品和技术的不断发展和提高，设计和施工的过程和方法也在不断发展和提高。

4.5.1　工程安装施工的基本要求和准备

1. 安装施工的基本要求

（1）在新建、扩建或改建的智能化建筑中采用结构化布线系统时，必须按照我国发布的结构化布线系统工程验收规范等有关规定进行施工和验收。在施工时，应结合现有建筑物的客观条件和实际需要，参照我国现行规范的规定执行。在施工中遇到规范没有规定的内容时，应根据工程设计要求办理。

（2）在整个安装施工过程中必须重视工程质量，按照施工规范的有关规定，加强自检、互检和随工检查。建设单位常驻工地代表或工程监理人员必须认真负责，加强技术监督和工程质量检查，力求消灭因施工质量低劣而造成的隐患。所有随工验收和竣工验收的项目和内容均应按工程验收规定办理。

（3）由于智能化建筑和智能化小区的结构化布线系统既有屋内的建筑物主干布线子系统，又有屋外的建筑群主干布线子系统，因此，屋内部分除按结构化布线系统工程施工及验收规范执行外，屋外部分还应符合我国现行的《本地网通信线路工程验收规范》（YD 5138—2005）、《通信管道工程施工及验收技术规范》（YD 5103—2003）、《通信管道和光（电）缆通道工程施工监理规范》（YD 5072—2005）、《市内通信全塑电缆线路工程施工及验收技术规范》（YD 2001—1992）和《电信网光纤数字传输系统工程施工及验收暂行技术规定》（YDJ 44—1989）等的要求。

（4）在结构化布线系统工程安装施工时，力求做到不影响房屋建筑结构强度，不损害内部装修美观，不发生降低其他系统使用功能和有碍于用户通信畅通的事故，务必达到结构化布线系统工程的整体质量优良。

2. 工程的施工准备

在结构化布线系统安装施工前，必须做好各项准备工作，做到有计划、有步骤地进行施工，这对于确保结构化布线系统工程的施工进度和工程质量是非常重要的。主要应做好以下几项准备工作：

（1）熟悉掌握工程设计和施工图纸，必须对设计说明、施工图纸和工程概算等主要部分相互对照、认真核对，对技术方案和设计意图充分了解，必要时通过现场技术交底，全面了解全部工程施工的基本内容。

（2）现场调查工程的环境和施工条件。在智能化建筑施工前，要现场调查了解房屋建筑内部各个部位的情况（例如吊顶、地板、电缆竖井、暗敷管路、线槽以及洞孔等），以便决定在施工中敷设缆线和安装设备的具体技术问题。此外，对于设备间、干线交接间的各种工艺要求和环境条件以及预先设置的管槽等都要进行检查，看是否符合安装施工的基本条件。在智能化小区中，除对上述各项条件进行调查外，还应对小区内敷设管线的道路和各幢建筑引入部分进行了解，看有无妨碍施工的问题。总之，工程现场必须具备使安装施工能顺利开展，不会影响施工进度的基本条件。

（3）编制工程进度和施工组织计划。根据结构化布线系统工程设计和施工图纸的要求，综合现场的实际条件、设备器材的供应以及施工人员的技术素质和配备情况，安排施工进度计划和进行施工组织设计。力求做到人员组织合理、施工安排有序和工程管理严密。同时，还应注意与土建施工和其他系统的配合，减少相互之间的矛盾，避免彼此脱节，以保证工程的整体质量。

（4）对工程所需设备、器材、仪表和工具进行检验。对工程中所用的设备、缆线等主要器材的规格、型号和数量进行检验，看是否符合设计文件规定的要求，不符合规定的设备和缆线不得在工程中使用。

缆线的外护层必须检查有无破损，对缆线的技术性能和各项参数应做测试和记录，具体的性能和参数有电缆或光缆的衰减、近端串音衰减、绝缘电阻以及光学传输特性等。缆线必须经检查合格后才允许使用。

配线设备和其他接插件都必须符合我国现行标准规定的要求。例如设备外表必须完整无损；内部零部件齐全；接插件的各种机械和电气性能优良；光学传输特性符合标准；所有安装配件均配套齐全、牢固可靠。

各种电气性能测试仪表的精度要求合格，必须事先进行全面测试和检查，如果发现问题应及早检修或更换。对于施工中使用的光纤熔接机、电缆芯线接续机等设备都必须能保证正常工作、技术性能完善。

4.5.2 工程槽道和设备的安装

在智能化建筑内，结构化布线系统的缆线敷设有暗管敷设和槽道（或桥架）敷设两种方式。除暗管敷设与房屋建筑同步施工外，槽道和设备安装部分都在结构化布线系统工程施工中进行。

1. 槽道的安装

槽道（桥架）是结构化布线系统工程中的辅助设施，它是为敷设缆线服务的，一般用于缆线路由集中且缆线条数较多的段落。必须按技术标准和规定施工。

（1）槽道（桥架）的规格尺寸、组装方式和安装位置均应符合设计规定和施工图的要求。封闭型槽道顶面距天花板下缘不应小于 0.8 m，距地面高度保持在 2.2 m，若槽道下不是通行地段，其净高度可不小于 1.8 m。安装位置的上下左右保持端正平直，偏差度尽量降低，左右偏差不应超过 50 mm；与地面必须垂直，其垂直度的偏差不得超过 3 mm。

（2）在设备间和干线交接间中，垂直安装的槽道穿越楼板的洞孔及水平安装的槽道穿越墙壁的洞孔，要求其位置配合相互适应，尺寸大小合适。在设备间内如果有多条平行或垂直安装的槽道时，应注意房间内的整体布置，做到美观有序，便于缆线连接和敷设，并要求槽道间留有一定间距，以便于施工和维护。槽道的水平度偏差每米不超过 2 mm。

（3）槽道与设备和机架的安装位置应互相平行或直角相交，两段直线段的槽道相接处应采用连接件连接，要求装置牢固、端正，其水平度偏差每米不超过 2 mm。槽道采用吊架方式安装时，吊架与槽道要垂直形成直角，各吊装件应在同一直线上安装，间隔均匀，牢固可靠，无歪斜和晃动现象。沿墙装设的槽道，要求墙上支持铁件的位置保持水平、间隔均匀、牢固可靠，不应有起伏不平或扭曲歪斜现象。水平度偏差每米也应不超过 2 mm。

（4）为了保证金属槽道的电气连接性能良好，除要求连接必须牢固外，节与节之间也应接触良好，必要时应增设电气连接线（采用编织铜线），并应有可靠的接地装置。例如利用槽道构成接地回路时，必须测量其接头电阻，按标准规定不得大于 0.33×10^{-3} Ω。

（5）槽道穿越楼板或墙壁的洞孔处应加装木框保护。缆线敷设完毕后，除盖板盖严外，还应用防火涂料密封洞孔口的所有空隙，以利于防火。槽道的涂料颜色应尽量与环境色彩协调一致，并采用防火涂料。

2. 设备的安装

结构化布线系统工程中设备的安装，主要是指各种配线接续设备和通信引出端。由于国内外生产的配线接续设备品种和规格不同，其安装方法也有区别。在安装施工时，应根据选用设备的特点采取相应的安装施工方法。

（1）机架、设备的排列位置和设备朝向都应按设计安装，并符合实际测定后的机房平面布置图的要求。

（2）机架、设备安装完工后，其水平度和垂直度都应符合厂家规定，若无规定时，其前后左右的垂直度偏差均不应超过 3 mm。要求机架和设备安装牢固可靠，如果有抗震要求，则必须按抗震标准要求加固。各种螺钉必须拧紧，无松动、缺少和损坏，机架没有晃动现象。

（3）为便于施工和维护，机架和设备前应预留 1.5 m 的过道，其背面距墙面应大于0.8 m。相邻机架和设备应互相靠近，机面排列平齐。

（4）建筑物（群）配线架如果采用双面的落地安装方式，应符合以下规定：

● 缆线从配线架下面引上时，配线架的底座与缆线的上线孔必须相对应，以利于缆线平直顺畅引入架中。

● 各个直列上下两端的垂直倾斜误差不应超过 3 mm，底座水平误差每平方米不应超过 2 mm。

● 跳线环等设备部件装置牢固，其位置横竖、上下、前后均应平直一致。

● 接线端子应按标准规定和缆线用途划分连接区域，以便连接，且应设置标志，以示区别和醒目。

（5）如果采用单面配线架（箱），且在墙壁安装，则要求墙壁必须坚固牢靠，能承受机架质量。其机架（柜）底距地面距离宜为 300~800 mm，也可视具体情况而定。接线端子应按标准规定和缆线用途划分连接区域，并应设置标志，以示区别和醒目。

此外，在干线交接间中的楼层配线架一般采用单面配线架（箱），其安装方式都为墙壁安装，要求也与前述相同。

（6）在新建的智能化建筑内使用的小型配线设备和分线设备宜采用暗敷方式，其箱体埋装在墙内。为此，房屋建筑施工时，在墙壁上需按要求预留洞孔，先将箱体埋装于墙内，结构化布线系统施工时装设接续部件和面板，这样有利于分别施工。在已建的建筑物中如果无条件暗敷，也可采用明敷方式，应注意减少凿墙打洞而影响房屋建筑强度。

（7）机架设备、金属钢管和槽道的接地装置应符合设计施工及验收标准规定，要求有良好的电气连接，所有与地线连接处应使用接地垫圈，垫圈尖角应对向铁件，刺破其涂层，必须一次装好，不得将已装过的垫圈取下重复使用，以保证接地回路畅通。

（8）接续模块等接续或插接部件的型号、规格和数量，都必须与机架和设备配套使用，并根据用户需要配置，做到连接部件安装正确、牢固稳定、美观整齐、对号入座、完整无缺；缆线连接区域划界分明，标志完整、清晰，以利于维护和日常管理。

（9）在进行缆线与接续模块等接插部件连接时，应按工艺要求标准长度剥除缆线护套，并按线对顺序正确连接。如果采用屏蔽结构的缆线，则必须注意将屏蔽层连接妥当，不应中断，并按设计要求接地。

（10）各类信息插座的安装方式和规格型号有所不同，应根据设计配备确定。安装方法应根据工艺要求，结合现场实际条件选择。在地面安装时，盒盖应与地面齐平，要求严密防水和防尘；在墙壁安装时，要求位置正确，便于使用。

4.5.3 结构化布线系统工程的电缆施工敷设

结构化布线系统分建筑群主干布线子系统、建筑物主干布线子系统和水平布线子系统三部分。第一部分为屋外部分，其安装施工现场和施工环境条件与本地线路网通信线路基本一致，所以电缆管道、直埋电缆和架空电缆等施工，可以互相参照使用，在此不再赘述。下面重点介绍的第二部分和第三部分均为屋内部分，即建筑物主干布线子系统和水平布线子系统，包括缆线敷设和终端等内容。

1. 建筑物主干布线子系统的电缆施工

建筑物主干布线子系统的缆线较多，且路由集中，是结构化布线系统的重要骨干线路，来不得半点马虎。

（1）对于主干路由中采用的缆线规格、型号、数量、起讫段落以及安装位置，必须在施工现场对照设计文件进行重点复核，如果有疑问，要及时与设计单位协商解决。对已到货的缆线也需清点和复查，并对缆线进行标志，以便敷设时对号入座。

（2）建筑物主干缆线一般采用由建筑物的高层向低层下垂敷设，即利用缆线本身的自重向下垂放的施工方式。该方式简便、易行、减少劳动工时和体力消耗，还可加快施工进度。为了保证缆线外护层不受损伤，在敷设时，除装设滑车轮和保护装置外，要求牵引缆线的拉力不宜过大，应小于缆线允许张力的 80%。在牵引缆线过程中，要防止拖、蹭、刮、磨等损伤，并根据实际情况均匀设置支撑缆线的支点，施工完毕后，在各个楼层以及相隔一定间距的位置设置加固点，将主干缆线绑扎牢固，以便连接。

（3）主干缆线如在槽道中敷设，应平齐顺直、排列有序，尽量不重叠或交叉。缆线在槽道内每间隔 1.5 m 应固定绑扎在支架上，以保持整齐美观。在槽道内的缆线不得超出槽道，以免影响槽道盖盖合。

（4）主干缆线与其他管线尽量远离，在不得已时，也必须有一定间距，以保证今后通信网络安全运行，具体如表 4-2 和表 4-3 所示。

表 4-2　双绞线对称电缆与电力线路最小净距/mm

项目	电力线路的具体范围（<380 V）		
	<2 kV·A	2~5 kV·A	>5 kV·A
双绞线对称电缆与电力线路平行敷设	130	300	600
有一方在接地槽道或钢管中敷设	70	150	300
双方均在接地槽道或钢管中敷设	注	80	150

注：平行长度小于 10 m 时，最小净距为 10 mm；双绞线对称电缆为屏蔽结构时，最小净距可适当减小，但应符合设计要求。

表 4-3　双绞线对称电缆与其他管线的最小净距

序号	管线种类	平行净距/m	垂直交叉净距/m	序号	管线种类	平行净距/m	垂直交叉净距/m
1	避雷引下线	1.00	0.30	4	热力管（包封）	0.30	0.30
2	保护地线	0.05	0.02	5	给水管	0.15	0.02
3	热力管	0.50	0.50	6	输气管	0.30	0.02

2. 水平布线子系统的电缆施工

水平布线子系统的缆线是结构化布线系统中的分支部分，具有面广、量大，具体情况较多，而且环境复杂等特点，遍及智能化建筑中所有角落。其缆线敷设方式有预埋、明敷管路和槽道等几种，安装方法又有在天花板（或吊顶）内、地板下和墙壁中以及三种混合组合方式。在缆线敷设中应按此 3 种方式的各自不同要求进行施工。

（1）缆线在天花板或吊顶内一般有装设槽道或不装设槽道两种布线方法。在施工时，前者应结合现场条件确定敷设路由；后者应检查槽道安装位置是否正确和牢固可靠。上述两种敷设缆线的情况均应采用人工牵引，单根大对数的电缆可直接牵引不需拉绳。敷设多根小对数（如 4 对双绞线）缆线时，应组成缆束，采用拉绳牵引敷设。牵引速度要慢，不宜猛拉紧拽，以防止缆线外护套发生被磨、刮、蹭、拖等损伤。必要时在缆线路由中间和出入口处设置保护措施或支撑装置，也可由专人负责照料或帮助。

（2）缆线在地板下布线方法较多，保护支撑装置也有不同，应根据其特点和要求进行施工。除敷设在管路或线槽内，路由已固定的情况外，选择路由应短捷平直、位置稳定和便于维护检修。缆线路由和位置应尽量远离电力、热力、给水和输气等管线（具体间距如表 4-2、表 4-3 所示）。牵引方法与在天花板内敷设的情况基本相同。

（3）缆线在墙壁内敷设均为短距离段落，当新建的智能化建筑中有预埋管槽时，这种敷设方法比较隐蔽美观、安全稳定。一般采用拉线牵引缆线的施工方法。如果建成的建筑物中没有暗敷管槽，则只能采用明敷线槽或将缆线直接敷设，在施工中应尽量把缆线固定在隐蔽的装饰线下或不易被碰触的地方，以保证缆线安全。

3. 缆线接续和终端

这里的缆线接续和终端是指建筑物主干布线和水平布线两部分的铜心导线和电缆（不包括光缆部分，光缆接续和终端将在 4.5.4 节介绍）。由于缆线终端和连接量大而集中，精密程度和技术要求较高。因此，在配线接续设备和通信引出端的安装施工中必须小心从事。

（1）配线接续设备的安装施工。

● 要求缆线在设备内的路径合理。布置整齐、缆线的曲率半径符合规定、捆扎牢固、松紧适宜，不会使缆线产生应力而损坏护套。

● 终端和连接顺序的施工操作方法均按标准规定办理（包括剥除外护套长度、缆线扭绞状态都应符合技术要求）。

● 缆线终端连接方法应采用卡接方式，施工中不宜用力过猛，以免造成接续模块受损。连接顺序应按缆线的统一色标排列，在模块中连接后的多余线头必须清除干净，以免留有后患。

● 缆线连接终端后，应对配线接续设备等进行全程测试，以保证结构化布线系统正常运行。

（2）信息插座和其他附件的安装施工。

● 对通信引出端内部连接件进行检查，做好固定线的连接，以保证电气连接的完整牢靠。如果连接不当，有可能增加链路衰减和近端串扰。

● 在终端连接时，应按缆线统一色标、线对组合和排列顺序施工连接（应符合 EIA/TIA 568A 或 568B 规定）。

● 如果采用屏蔽电缆，则要求电缆屏蔽层与连接部件终端处的屏蔽罩有稳妥可靠的接触，必须形成 360°圆周的接触界面，它们之间的接触长度不小于 10 mm。

● 各种缆线（包括跳线）和接插件间必须接触良好、连接正确、标志清楚。跳线选用的类型和品种均应符合系统设计要求。

4.5.4　结构化布线系统工程的光缆施工敷设

光缆与电缆同是通信线路的传输介质，其施工方法虽基本相似，但因其所用材质和传输信号原理、方式有根本区别，对于安装施工的要求自然有所差异。现分光缆敷设、光缆接续和终端两部分介绍。

1. 光缆敷设

（1）施工前对光缆的入口端应予以正确判定，从网络枢纽至用户侧，敷设一般为 A 端至 B 端，不得使顺序混乱。光缆敷设顺序应与合理配盘相结合，充分利用光缆的盘长，以减少中间接头，防止产生任意切断光缆的现象。

（2）在智能化建筑中，主干光缆通常采用由顶层向底层垂直布放的人工牵拉敷设方式。在智能化小区内敷设光缆，如果采用机械牵引，牵引时应用拉力计监视，牵引力不得大于规定值。要求光缆盘转动速度与光缆布放速度同步，牵引的最大速度为 15 m/min，并保持匀速，严禁猛拉硬拽，避免使光纤受力过大而产生损伤。

（3）在建筑群主干布线系统中的光缆敷设与本地线路网的光缆敷设要求完全相同（包括管道、直埋和架空等光缆建筑方式），因内容较多，这里予以简略。可参考该部分要求执行。

2. 光缆接续和终端

（1）光缆接续目前采用熔接法或压接法。为了降低连接损耗，无论采用哪种接续方法，在光缆接续的全部过程中都应采取质量监视（例如采用光时域反射仪监视），具体监视方法可参见《电信网光纤数字传输系统工程施工及验收暂行技术规定》（YDJ 44—89）。

（2）光缆接续后应排列整齐、布置合理，将光缆接头固定、光缆余留长度放一致、松紧适度，无扭绞受压现象，其光缆余留长度不应小于 1.2 m。

（3）光缆接头套管的封合若采用热可缩套管时，应按规定的工艺要求进行，封合后应测试和检查有无问题，并做记录备查。

（4）光缆终端接头或设备的布置应合理有序，安装位置必须安全稳定，其附近不应有可能损害它的外界设施，如热源和易燃物质等。

（5）从光缆终端接头引出的尾巴光缆或单芯光缆的光纤所带的连接器，应按设计要求插入光纤配线架上的连接部件中。如果暂时不用的连接器可不插接，但应套上塑料帽，以保证其不受污染，便于今后连接。

（6）在机架或设备（例如光缆接头盒）内，应对光缆和光缆接头加以保护，光缆盘绕方向要一致，要有足够的空间和符合规定的曲率半径。

（7）屋外光缆的光纤接续时，应严格按操作规程执行。光纤芯径与连接器接头中心位置的同心度偏差要求：多模光纤同心度偏差应小于或等于 3 μm；单模光纤同心度偏差应小于或等于 1 μm。

凡达不到规定指标，尤其超过光缆接续损耗时，不得使用。应剪掉接头重新接续，务必经测试合格才能使用。

（8）光缆中的铜导线、金属屏蔽层、金属加强芯和金属铠装层均应按设计要求，采取终端连接和接地，并要求检查和测试其是否符合标准规定，如果有问题必须补救纠正。

（9）光缆传输系统中的光纤跳线或光纤连接器在插入适配器或耦合器前，应用丙醇棉签擦拭连接器插头和适配器内部，要求清洁干净后才能插接，插接必须紧密、牢固可靠。

（10）光缆终端连接处均应设有醒目标志，其标志内容应正确无误、清楚完整（如光纤序号和用途等）。

小　结

结构化布线系统是指在建筑物或楼宇内安装的传输线路，是一个用于语音、数据、影像和其他信息技术的标准结构化布线系统，以使语音和数据通信设备、交换设备和其他信息管理系统彼此相连，并使这些设备与外部通信网络连接，它是计算机网络工程的基础。

本章系统地介绍了综合布线系统的基础知识、设计方法、施工技术、测试方法，另外还详细介绍了常用网络传输介质——双绞线和光缆的特点、使用，基本上反映了结构化布线领域的最新技术和应用。

通过本章的学习，要了解结构化布线系统的组成、设计、施工过程、测试方法，熟练掌握常用传输介质的性能及应用。

习　题

一、选择题

1. 模拟信号采用模拟传输时采用下列＿＿＿＿＿＿设备以提高传输距离。

    A. 中继器　　　　　　B. 放大器　　　　　　C. 调制解调器　　　　　　D. 编码译码器

2. 下列有关光纤通信的说法中不正确的是＿＿＿＿＿＿。

    A. 目前生产的光导纤维，可传输频率范围为 $10^{14} \sim 10^{15}$ Hz

    B. 由于光纤采用的是光谱技术，所以没有泄漏信号，可以在干扰信号很强的环境中工作

    C. 光纤在任何时间都只能单向传输，因此要实行双向通信，必须成对出现

D. 目前常用的光纤大多采用超纯二氧化硅制成，具有很高的性能价格比

3. 在下列传输介质中，对于单个建筑物内的局域网来说，性能价格比最高的是_____。

　　A. 双绞线　　　　　　　B. 同轴电缆　　　　　　C. 光缆　　　　　　　　D. 无线介质

4. 数据在传输中产生差错的重要原因是_____。

　　A. 热噪声　　　　　　　B. 脉冲噪声　　　　　　C. 串扰　　　　　　　　D. 环境恶劣

5. 下列传输介质中采用 RJ-45 头作为连接器件的是_____。

　　A. 双绞线　　　　　　　B. 细缆　　　　　　　　C. 光纤　　　　　　　　D. 粗缆

6. 5 类 UTP 双绞线规定的最高传输特性是_____。

　　A. 20 Mbps　　　　　　B. 20 MHz　　　　　　　C. 100 Mbps　　　　　　D. 100 MHz

二、简答题

1. 为什么要进行结构化布线？它与传统的布线方式有何不同？

2. 网络结构化布线系统由哪几部分组成？这几部分的关系是怎样的？

3. 常用的双绞线有哪几类？试比较它们的特点。

4. 双绞线的线序标准是怎样的？试动手制作一个 RJ-45 头。

5. 光纤是通过什么方式实现信号传输的？为了实现信号传输需要哪些设备？

6. 在结构化布线系统工程中，主要根据哪些方面进行传输介质的选择？

7. 试举例说明几种布线系统测试工具的使用方法。

8. 在结构化布线系统施工过程中，对于光纤的敷设需要注意哪些方面？

9. 试完成一个小型局域网的结构化布线系统，或参观一个布线工程，对结构化布线系统工程的整个施工过程、传输介质的选择和制作、布线技术、测试方法等有一个直观、完整的认识，并写出实验报告或总结。

第5章 计算机网络设备

在第4章中已经介绍了在计算机网络中传输数据的实际承载者——传输介质。那么在计算机网络中是如何利用传输介质来完成计算机网络功能的呢？为了实现互相通信的功能，就必须用到各种各样的网络设备，网络设备按照其主要用途可以分为三大类：一类是接入设备，用于计算机与计算机网络进行连接的设备，常见的有网络接口卡、调制解调器等；另一类是网络互联设备，用于实现网络之间的互联，主要设备有中继器、路由器、以太网交换机等；最后一类为网络服务设备，用于提供远程网络服务的设备，例如拨号访问服务器、网络打印机等。本章介绍这些在整个网络中发挥重要作用的设备。

5.1 网卡

由于考虑到连接网络的灵活性，计算机本身并不具备连接网络的接口，而用一种称为网络适配卡（又称网络接口卡 Network Interface Card，NIC，简称网卡）的设备充当计算机与网络的接口，它根据网络协议的不同而不完全相同，所以在选择网卡的时候应根据计算机网络的实际情况来考虑。

5.1.1 网卡的功能

台式计算机使用的网卡一般插在扩展槽上，笔记本电脑使用的网卡一般插在 PCMCIA 槽上，网卡提供了计算机和网络缆线之间的物理接口，具有以下功能：

1. 实现局域网中传输介质的物理连接和电气连接

网卡都带有相应连接介质的连接插口，网络中的计算机就是通过网卡插口的连接介质连入网络的。

2. 代表着一个固定的地址

以太网卡拥有一个全球唯一的网卡地址，它是一个长度为 48 位的二进制数，它为计算机提供了一个有效的地址。

3. 执行网络控制命令

网卡对传送的电信号进行电平匹配，传输的电信号由网卡接收后要转换成计算机所要求的逻辑电平，而网卡发送时，则要转换成传输规定在传输介质中传送的信号电平，用光缆连接的网卡，还要进行光电转换和电光转换，以接收光纤传输的信号和发送光信号。

计算机联网后执行的各种网络控制命令，都是通过网卡接收和执行的，网卡接收控制命令后，便执行相应的网络操作。

4. 实现 OSI 模型中的数据链路层的功能

网卡实现 OSI 开放系统 7 层模型中的数据链路层的功能，主要是对传输介质内信息传送方向的控制，即信息是进行发送还是接收，若发送，便将信息打成数据包发送，若接收，则取下传送的数据包。传送时，由于从计算机进入网卡的数据是并行的（通过相应计算机内插槽的数据总线进入网卡），因而由网卡再将并行数据变成串行数据后送入传输介质，并以二进制流形式进行发送，当网卡从传输介质得到串行数据时，再将串行二进位流变成并行数据送入计算机。在网卡进行发送和接收的过程中，还要进行传输错误检测。

5. 对传送和接收的数据进行缓存

网卡上带有缓存功能，可在高速主机并行发送和接收与传输介质中低速串行传送间起缓冲作用，当接收慢速的串行数据到网卡缓冲区并装满时，再由计算机并行取走；发送时，由计算机将数据并行送入缓冲区，当装满后，再串行发送出去。

6. 按照 OSI 协议物理层传输的接口标准，实现规定的接口功能

网卡随网络结构不同而不同，如有以太网卡、令牌环网卡、ATM 网卡、FDDI 网卡等。组建什么类型的网络，就用什么类型的网卡，在单一结构的网络中不能混用。

5.1.2　网卡的工作原理

在网卡上有一定数目的缓存，当网上传来的数据到达本工作站时，首先被暂时存放在网卡的缓存中。而 CPU 并不知道网卡何时从网络上收到待处理的数据，因此网卡与 CPU 之间必须有一种有效的联系方法，使得 CPU 能够知道网卡上当前有无数据需处理。一种方法是 CPU 周期性地不断查询网卡，这种方法的缺点是：如果周期时间过长，大量数据被存放在网卡缓存得不到及时处理，有可能造成部分数据的丢失，同时对网卡缓存容量要求较高；如果周期时间过短，又会大大浪费 CPU 的处理能力，降低 CPU 的实际工作效率。另一种沟通网卡与 CPU 的方法是由网卡来通知 CPU 在某个时候来处理新来的数据，这也是目前较流行的一种方法，网卡的这种工作方式被称为中断请求。CPU 接收到网卡的申请后，会通知主板上的直接存储器访问芯片（DMA），将数据送入内存中，而 CPU 一旦空闲便会处理网卡上的数据。

5.1.3 网卡的类型

1. 按总线的类型分类

网卡按总线类型可分为 ISA 总线型网卡、PCI 总线型网卡、PCMCIA 总线型网卡、USB 网络适配器。其中 ISA 总线型的网卡现在的计算机主板不再支持。

（1）PCI 总线型网卡。

在服务器和台式计算机中的网卡一般都采用 PCI 总线结构。常用的 32 位 33 MHz 下的 PCI 总线数据传输速率可达到 132 Mbps，而在一些服务器中采用的 64 位 66 MHz 的 PCI 总线最大数据传输速率可达 257 Mbps，更好地适应了计算机高速 CPU 对数据处理的需求和多媒体应用的需求。PCI 总线型网卡如图 5-1 所示。

（2）PCMCIA 总线型网卡。

PCMCIA 总线是笔记本电脑（便携式计算机）使用的总线，PCMCIA 总线型网卡是专门用于笔记本电脑的一种网卡，如扑克牌般大小，如图 5-2 所示。

（3）USB 网络适配器。

USB 是一种新型的总线技术，由于其传输速率远远大于传统的并行口和串行口，设备安装简单又支持热插拔，已被广泛用于多种设备，网络适配器也已使用 USB 技术。USB 网络适配器其实是一种外置式网卡，连接在计算机的 USB 接口上，如图 5-3 所示。

图 5-1 PCI 总线型网卡   图 5-2 PCMCIA 总线型网卡   图 5-3 USB 网络适配器

2. 按网络类型分类

网卡按网络类型可分为以太网卡、令牌环网卡和 ATM 网卡等。

3. 按网卡的连接头分类

网卡的连接头是为了连接不同的线缆而设计的，它分为以下几类。

（1）BNC 连接头：提供的网络接口适用于连接细同轴电缆的连接头。

（2）RJ-45 连接头：提供的网络接口适用于连接非屏蔽双绞线（UTP）的连接头。

（3）AUI 连接头：提供的网络接口适用于连接粗同轴电缆的连接头，它一般用于一些专有设备。

（4）无线网卡：通过无线电传输网络信号，需要专用的无线集线器设备支持。

（5）光纤网卡：提供的网络接口适用于连接光纤的连接头，一般仅用于服务器和网络的中心交换机之间的连接。

早期产品中还有同时具有 BNC 连接头和 RJ-45 连接头的，目前已经很少见到了。

4. 按传输速率分类

网卡按其传输速率（即其支持的带宽）分为 10 Mbps 网卡、100 Mbps 网卡、1 000 Mbps 网卡以及 10/100 Mbps 自适应网卡、10/100/1 000 Mbps 自适应网卡。目前常用的是 10/100 Mbps 自适应网卡，1 000 Mbps 网卡虽然价格逐渐降低，但与其配套的交换机等其他设备仍很昂贵，所以目前使用较少。

5.1.4　网卡的选择

在组建局域网时常常把注意力集中在一些价格昂贵的网络连接设备中，而对网卡、网线等低价产品可能重视不够。而网卡作为网络的重要设备之一，其性能的好坏直接影响到计算机之间数据传输能力的高低，甚至影响到计算机的稳定性和网络的稳定性，所以应特别关注网卡的选择。

（1）选择性价比高的网卡。

对网卡来说，由于它属于技术含量较低的产品，名牌网卡和普通网卡在性能上一般不会相差太多，一般可选择性价比较高的产品，例如一些国产品牌的产品，不一定非要用 Intel 等名牌产品。

（2）根据组网类型选择网卡。

在选网卡之前应明确需要组建的局域网是通过什么介质来连接的、数据传输的容量和要求等因素。根据传输介质的不同，网卡可分为双绞线网卡（RJ-45 接口）、细缆网卡（BNC 接口）、粗缆网卡（AUI 接口）。有的网卡虽然有上述 3 种接口，但并不意味着可同时进行上述 3 种连接，而是只能选择其中一种。现在大多数局域网都是使用双绞线和 RJ-45 接口的网卡组网。此外还要考虑局域网对数据传输的速度要求，无特别要求时可选择 10/100 Mbps 自适应网卡。

（3）根据工作站选择合适总线类型的网卡。

由于网卡要插在计算机的扩展槽中，这就要求所购买的网卡总线类型必须与所使用的计算机的总线相符。总线的性能直接决定从服务器内存和硬盘向网卡传递信息的效率。

（4）根据使用环境选择网卡。

为了能使选择的网卡与计算机协同高效地工作，必须根据使用环境来选择合适的网卡。例如，不应为一台普通的工作站选择价格昂贵、功能强大、速度快捷的网卡，也不应为一台服务器安装性能普通、传输速度低的网卡。为减少服务器上主 CPU 占有率，应为服务器选择带有自动功能处理器的网卡。还应考虑在服务器中增插几块网卡以提高系统的可靠性，实现高级容错、带宽汇集等功能。此外，如果要在笔记本电脑中安装网卡，最好选择与计算机品牌一致的专用网卡。

（5）根据特殊要求选择网卡。

不同服务器实现的功能和要求也是不一样的，应该根据实现的功能和要求来选择网卡。例如，要组建的局域网如果要实现远程控制功能，就应选择带有远程唤醒功能的网卡，这样只要在安装了一定软件（如 Magic Packet Utility）的计算机上运行启动命令就可启动指定的远程计算机。

如果网卡用于笔记本电脑，还应注意选择带有低功耗功能的网卡，以节省笔记本电脑电池的电量。

目前在台式计算机中，网卡一般都集成在主板上，其性能足以满足一般的网络需求。

5.1.5　网卡的安装

在计算机上安装网卡的步骤如下：

（1）关闭计算机，切断电源，将计算机后方的各种插头和连线拆除，如果不熟悉这些线路的安装，应记下每条线路的安装位置与方式。

（2）将主机外壳的螺钉卸下，再将外壳拆下。

（3）确认网卡的总线接口。目前大部分网卡为 PCI 总线。

（4）在主板上找到相应的空闲插槽。

（5）在机壳后方对应插槽位置上将阻隔的挡板拆除。

（6）将网卡插入相应的空闲插槽中，并稍微摇晃，确保网卡与插槽接触良好。

在主板上安插网卡时，一般采用先插后半部，再压下前半部的方法；如要将网卡从主板上取下来，则操作与插网卡正好相反，即一般采用先取前半部，再取后半部的方法。

（7）旋紧螺钉，固定机壳与网卡的连接，如图 5-4 所示。

图 5-4　网卡的安装

（8）将机壳安装好，并接好拆下的插头和连线。

安装网卡以后，一般还必须安装网卡的驱动程序才能正常工作。

5.2　集线器

5.2.1　集线器的功能

集线器（Hub）是一种连接多个用户节点的设备，每个经集线器连接的节点都需要一条专用电缆，典型的集线器如图 5-5 所示。集线器内部采用电气互连的结构，从某种意义上可以将集线器看作是多端口中继器。集线器工作处于 OSI 模型中的物理层。

图 5-5　集线器

在共享式以太网连接中，最简单的连接方式就是采用同轴电缆（常用的是细缆）的连接方式。在这种连接方式中，每台计算机安装一块带有 BNC 接口的网卡，在 BNC 口上通过 T 形连接头（简称 T 形头）分别连接两根细缆的一端，就像在通过一段段电线把一个个电灯泡连接起来一样，通过细缆把计算机连接在网络上。细缆网络最大的弊病就是 T 形头容易接触不良，并且引起全网瘫痪，就好比一段电线接触不良则所有的灯泡都不亮。而集线器相当于把整个细缆和 T 形头装到一个机箱里（当然，要通过许多电路实现稳定性和信号处理），然后把 T 形头中连接计算机的部分通过双绞线延长，最长可达 100 m。集线器作为网络传输介质间的中心节点，它克服了介质线路单一的缺陷，当网络系统中的某条线路或节点出现故障时，不会影响网上其他节点的正常工作。

细缆网和集线器一样，都是单一网段的共享介质以太网，其数据传输控制方式都是采用 CSMA/CD 方式，也就是说，集线器上所有的端口共享同一个带宽，在任何时候集线器上所有端口出现的电信号都是相同的，就好像接在一段电线上的多个电话机，某一时刻能通话的只能有一个。

连接到集线器的节点发送信号时，首先通过与集线器相连接的电缆将信号送到集线器，集线器将这个信号进行放大、重新定时，然后发送到所有节点；最后，信号到达目标节点，目标节点将发给它的信号收下。集线器连接网络如图 5-6 所示。

5.2.2　集线器的分类

集线器发展迅速，分类方法有多种：

1. 按端口数量分类

集线器按端口数量可分为 5 口、8 口、12 口、16 口、24 口、48 口等，最常用的是 24 口集线器。

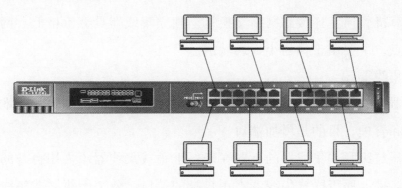

图 5-6　集线器连接网络示意图

2. 按带宽分类

根据带宽的不同，集线器可分为 10 Mbps、100 Mbps、10/100 Mbps 自适应、1 000 Mbps 和 100/1 000 Mbps 自适应集线器等。自适应集线器又称"双速"集线器，其中内置了两条总线，分别工作在两种速率下。

（1）10 Mbps 集线器：10 Mbps 集线器的各个端口共享 10 Mbps 带宽，只支持 10 Mbps 网卡或 10/100 Mbps 自适应网卡。

（2）100 Mbps 集线器：100 Mbps 集线器的各个端口共享 100 Mbps 带宽，只支持 100 Mbps网卡或 10/100 Mbps 自适应网卡。

（3）10/100 Mbps 自适应集线器：这种集线器具有内置的 10/100 Mbps 交换功能，每一个 RJ-45 端口均支持 10/100 Mbps 自动检测，能将网络的 10 Mbps 和 100 Mbps 网段连接，从而实现以太网和快速以太网用户互相通信。不需要进行任何软件设置，也不需要重新对集线器连线即可平滑地从以太网迁移到快速以太网。

（4）1 000 Mbps 集线器：1 000 Mbps 集线器的各个端口共享 1 000 Mbps 带宽，只支持 1 000 Mbps 网卡或 100/1 000 Mbps 自适应网卡。

3. 按可管理性分类

按可管理性的不同，集线器可分为不可网管集线器（俗称哑集线器）和可网管集线器（也称智能集线器）。不可网管集线器只起信号放大和再生作用，无法对网络进行性能优化，而可网管集线器带有一个管理模块，支持 SNMP 网络管理协议，可以向网络管理软件报告集线器运行状态，也可以接受网络管理软件的指令，打开或关闭某些端口，或自动屏蔽有故障的端口。

目前大部分集线器为可网管集线器。

4. 按扩展能力分类

按照扩展能力，集线器可分为独立集线器、堆叠式集线器等。

（1）独立集线器。

独立集线器本身没有进一步扩展的能力，它只能通过级联（两台集线器各拿出一个端口通过级联线连接）的方式扩展端口数量，级联还可以拓展网络距离。这种集线器一般用于连接工作组计算机,向上连接到网络交换机。独立集线器具有价格低、网络管理方便、容易查找故障等优点,主要用于构建小型局域网。

(2)堆叠式集线器。

堆叠式集线器带有堆叠接口,通过专用电缆可以将两个以上的集线器堆叠成为一个逻辑的集线器来使用和管理,目的是增加端口。

堆叠式集线器与级联式集线器的不同在于:堆叠式集线器不占用自身的端口,是两台集线器背板的直接连接,而级联式集线器占用自身的端口,效率上级联式集线器低于堆叠式集线器。

5.2.3 集线器的选择

选择集线器一般要考虑以下几个方面。

(1)速率:主要应考虑上传设备的数据传输速率。例如,如果上传设备的数据传输速率为 100 Mbps,则最好选择 100 Mbps 集线器。

(2)端口数:根据网络中的计算机数量进行选择。

(3)可扩展性:如果需要连接的计算机数量较多,或者希望将来能够进行网络扩展,则在选择集线器时应考虑它是否支持堆叠或级联。

(4)是否内置交换模块:如果集线器中内置了交换模块,则可用作小型局域网的主干设备,而没有内置交换模块的集线器一般处于局域网的边缘。

(5)是否提供网管功能:部分集线器可通过增加网管模块实现对自身的简单管理。需要注意不同厂商的模块不能混用,甚至同一厂商的不同产品的模块也不同。

(6)外形尺寸:如果系统比较简单,没有楼宇级别的综合布线,局域网内的用户比较少,可不考虑集线器的外形尺寸,但如果已经完成了综合布线并购置了机柜,则需要选择尺寸符合机架标准的集线器。

5.3 交换机

5.3.1 网桥的作用与交换机的出现

网桥(Bridge)也称为桥接器,是连接两个局域网的存储转发设备,通过它可以完成具有相同或相似体系结构网络系统的连接。网桥是数据链路层的连接设备,是为各种局域网存储转发数据而设计的,它对节点用户是透明的,节点在其报文通过网桥时,并不知道网桥的存在。相对于集线器而言,网桥是比较复杂的网络设备,两个网段分别连接到网桥的两个端口时,各网段中,只有标明了发送给另一个网段的信号,才会通过网桥。后来,出现了多口网桥（例如 20 世纪 90 年代初采用较多的美国 Starbridge 8 口智能网桥产品），每一个端口可以连接一个网段。如果把集线器比喻成一根电线上串起来的多个电话机——同一时刻只能有一个话机说话；多口网桥就好像把多部话机连接到电信局——任何两部话机只要对方有空，就能够通信。因此，以 10 Mbps 设备为例，集线器是共享 10 Mbps 带宽，而多口网桥的每一个端口都独享 10 Mbps 带宽。

多口网桥虽然很好，但由于网桥技术比较复杂，多口网桥造价很高。1993 年，局域网交换设备出现，1994 年，国内掀起了交换技术的热潮，网桥很快便失去了市场竞争力。其实，交换技术是在各端口之间实现的简化的、低成本的桥接技术。交换技术允许共享型和专用型的局域网段进行带宽调整，以减轻局域网之间信息流通出现的瓶颈问题。现在已有以太网、快速以太网和 ATM 技术的交换产品。交换机按每一个包中的 MAC 地址相对简单地决策信息转发，而这种转发决策一般不考虑包中隐藏的更深的其他信息。与多口网桥不同的是交换机转发延迟很小，操作接近单个局域网性能，远远超过了普通桥接互联网络之间的转发性能。

类似传统的桥接器，交换机提供了许多网络互联功能。交换机能经济地将网络分成小的冲突网域，为每个工作站提供更高的带宽。协议的透明性使得交换机在软件配置简单的情况下直接安装在多协议网络中；交换机使用现有的电缆、中继器、集线器和工作站的网卡，不必进行高层的硬件升级；交换机对工作站是透明的，这样管理开销低廉，简化了网络节点扩充、移动和网络变化时的操作。

5.3.2 三种交换技术

1. 端口交换

端口交换技术最早出现在插槽式的集线器中，这类集线器一般机箱较大，机箱内有一个主处理板（即背板），机箱前面有若干插槽，每个插槽可以插入不同类型和数量端口的模块。背板通常划分有多条以太网段（每条网段为一个广播域）。不用网桥或路由器连接，网络之间是互不相通的。模块插入后通常被分配到某个背板的网段上。端口交换用于将以太模块的端口在背板的多个网段之间进行分配、平衡。

2. 帧交换

帧交换是目前应用最广的局域网交换技术，它通过对传统传输介质进行微分段，提供并行传送的机制，以减小冲突域，获得高的带宽。一般来讲，每个公司的产品的实现技术均会有差异，但对网络帧的处理方式一般有以下几种：

（1）直通交换：对于每一个要发送的帧，交换机只读出前 14B（目的地址），便将网络帧传送到相应的端口上。

（2）存储转发：首先完整地接收发送帧，并先进行差错检测，如果接收帧是正确的，则根据帧目的地址确定输出端口号，再转发出去。

前一种方法的交换速度非常快，但缺乏对网络帧进行更高级的控制，缺乏智能性和安全性，同时也无法支持具有不同速率的端口的交换。因此，各厂商把后一种技术作为重点。

3. 信元交换

ATM 采用对网络帧进行分解，将帧分解成固定长度 53B 的信元，由于长度固定，因而便于用硬件实现，处理速度快，同时能够完成高级控制功能，如优先级控制。ATM 采用专用的非差别连接、并行运行，可以通过一个交换机同时建立多个节点，但并不会影响每个节点之间的通信能力。ATM 还允许在源节点和目标节点之间建立多个虚拟连接，以保障足够的带宽和容错能力。ATM 的带宽可以达到 25 Mbps、155 Mbps、622 Mbps 甚至数 Gbps 的传输能力。

5.3.3　局域网交换机的种类

1. 按传输介质和传输速率划分

按照传输介质和传输速率，交换机可分为以太网交换机、快速以太网交换机、千兆以太网交换机、万兆以太网交换机、FDDI 交换机、ATM 交换机和令牌环交换机等多种。

2. 按应用领域划分

交换机按照应用领域，可分为工作组交换机、部门级交换机和企业级交换机。

（1）工作组交换机：最常见的一种交换机，主要用于办公室、小型机房、多媒体制作中心、网站管理中心和业务收集较为集中的业务部门等。在传输速率上，工作组交换机大多提供多个具有 10/100 Mbps 自适应能力的端口。

（2）部门级交换机：常用来作为扩充设备，在工作组交换机不能满足需求时可直接考虑用部门级交换机。虽然部门级交换机只有较少的端口，但却支持较多的 MAC 地址，并具有良好的扩充能力，端口的传输速率基本上为 100 Mbps。

（3）企业级交换机：仅用于大型网络，且一般作为网络的骨干交换机。企业级交换机通常具有快速数据交换能力和全双工能力，可提供容错等智能特性，还支持链路汇聚及第三层交换中的虚拟局域网（VLAN）等功能。

5.3.4　局域网交换机的选择

局域网交换机是组成网络系统的核心设备。作为局域网的主要连接设备，以太网交换机成为应用普及最快的网络设备之一。随着交换技术的不断发展，交换机的价格急剧下降。集线器和网桥等设备都逐渐被交换机代替。

对用户而言，局域网交换机最主要的指标是端口的配置、数据交换能力、包交换速度等。在选择交换机时要注意以下事项：

（1）外形尺寸。

如果网络较大，或已完成楼宇级的综合布线，要求网络设备在机架上集中管理，则应选择机架式交换机；否则可选择固定配置式交换机，它具有更高的性价比。

（2）可管理性。

对局域网交换机来说，特别是一些大型交换机，在运行和管理方面所付出的代价远远超过购买费用。基于这方面考虑，交换机的可管理性（流量管理、带宽分配以及配置和操作的难易程度）成为选择交换机的一个重要因素。

（3）端口带宽及类型。

选择交换机的类型，首先根据组网带宽需要决定，再从交换机端口带宽设计方面考虑。从端口带宽的配置看，目前主要有以下 3 类：

① $n×10$ Mbps$+m×100$ Mbps 低速端口专用型。这种配置的交换机严格限制了网络的升级，无法实现高端多媒体网络，国内外厂商已基本停止生产。

② $n×10$ Mbps/100 Mbps 端口自适应型。这种交换机是目前市场上的主流产品，它有自动协商功能，能够检测出其下传设备的带宽是 10 Mbps 还是 100 Mbps，是全双工还是半双工。

③ $n×1\,000$ Mbps$+m×100$ Mbps 高速端口专用型。这种交换机是当前高速网络和光纤网络接入方案中的重要设备，可解决网络服务器之间的瓶颈问题，但价格远远高于前两种产品。

此外，还要考虑系统的扩展能力、主干线连接手段、交换机总交换能力、路由选择能力、热切换能力、容错能力、与现有设备兼容等。

5.3.5 交换机应用中几个值得注意的问题

1. 交换机网络中的瓶颈问题

交换机本身的处理速度可以达到很高，用户往往迷信厂商宣传的 Gbps 级的高速背板。其实这是一种误解，连接入网的工作站或服务器使用的网络是以太网，它遵循 CSMA/CD 介质访问规则。在当前的客户/服务器模式的网络中多台工作站会同时访问服务器，因此非常容易形成服务器瓶颈。有的厂商已经考虑到这一点，在交换机中设计了一个或多个高速端口，方便用户连接服务器或高速主干网。用户也可以通过设计多台服务器（进行业务划分）或追加多个网卡来消除瓶颈。

2. 网络中的广播帧

目前广泛使用的网络操作系统有 Windows Server 2008 等，而网络服务器是通过发送网络广播帧来向客户机提供服务的。这类局域网中广播包的存在会大大降低交换机的效率，这时可以利用交换机的虚拟网功能（并非每种交换机都支持虚拟网）将广播包限制在一定范围内。

每台交换机的端口都支持一定数目的 MAC 地址，这样交换机能够"记忆"住该端口一组连接站点的情况，不同交换机的端口支持 MAC 数也不一样，用户使用时一定要注意交换机端口的连接端点数。如果超过交换机规定的 MAC 数，交换机接收到一个网络帧时，只要其目的站的 MAC 地址不存在于该交换机端口的 MAC 地址表中，那么该帧会以广播方式发向交换机的其他端口。

3. 虚拟局域网（VLAN）

虚拟局域网是交换机的重要功能。虚拟局域网是在交换式局域网的基础上，结合网络软件建立起的一个可跨接不同物理局域网、不同类型网段的各站点的逻辑局域网，也称为虚拟工作组。虚拟局域网在逻辑上等价于广播域，更具体地说，可以将虚拟局域网类比成一组最终用户的集合，这些用户可以处在不同的物理局域网上，但它们之间可以像在同一个局域网上那样通信而不受物理位置的限制。在这里，网络的定义和划分与物理位置和物理连接是没有任何必然联系的。一个虚拟工作组可以跨越不同的交换平台或智能集线器，一个工作站也可以属于不同的虚拟局域网。网络管理员可以根据不同的需要，通过相应的网络软件灵活地建立和配置虚拟局域网，并为每个虚拟局域网分配它所需要的带宽。虚拟局域网简化了网络的管理，整个虚拟局域网的建立、修改、删除非常方便，并且由于只有位于同一虚拟子网中的用户可以互相通信，可以比较有效地避免"广播风暴"。

通常虚拟局域网的实现形式有两种：

（1）静态端口分配。

静态虚拟局域网的划分通常是网管人员使用网管软件或直接设置交换机的端口，使其直接从属某个虚拟局域网。这些端口一直保持这些从属性，除非网管人员重新设置。这种方法虽然比较麻烦，但比较安全，容易配置和维护。

（2）动态虚拟局域网。

支持动态虚拟局域网的端口，可以借助智能管理软件自动确定它们的从属关系。端口是通过借助网络包的 MAC 地址、逻辑地址或协议类型来确定虚拟局域网的从属关系。当一个网络节点刚连接入网时，交换机端口还未分配，于是交换机通过读取网络节点的 MAC 地址动态地将该端口划入某个虚拟局域网。这样一旦网管人员配置好后，用户的计算机可以灵活地改变交换机端口，而不会改变该用户的虚拟局域网的从属性，而且如果网络中出现未定义的 MAC 地址，则可以向网管人员报警。

当相同的虚拟局域网分布在不同交换机上时，如果要实现虚拟局域网内部的通信，需要在交换机之间设置专用接口，会造成交换机端口的浪费。而虚拟局域网中继（Trunk）支持一个交换机端口可以同时访问多个虚拟局域网，可以在实现跨交换机虚拟局域网间通信的同时节省交换机的物理端口。但这样会降低跨交换机虚拟局域网内的通信带宽并可能出现安全上的隐患。

5.3.6　三层交换机

1. 三层交换机的工作原理

三层交换是相对于传统的交换概念而提出的。传统的交换技术是在 OSI 网络参考模型中的第二层（即数据链路层）进行操作的，而三层交换技术是在网络模型中的第三层（网络层）实现了数据包的高速转发，如图 5-7 所示。可以简单地将三层交换机理解为由一台路由器和一台二层交换机构成。

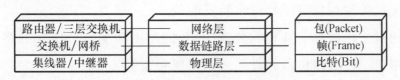

图 5-7　三层交换机工作所在层

两台处于不同子网的主机通信，必须要通过路由器进行路由。在图 5-8 中，主机 A 向主机 B 发送的第 1 个数据包必须要经过三层交换机中的路由器进行路由才能到达主机 B，但是此后的数据包再发向主机 B 时，就不必再经过路由器处理了，因为三层交换机有"记忆"路由的功能。

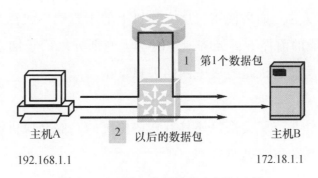

图 5-8　三层交换机的路由记忆功能

三层交换机的路由记忆功能是由路由缓存来实现的。当一个数据包发往三层交换机时，三层交换机首先在它的缓存列表里进行检查，查看路由缓存里有没有记录，如果有记录就直接调取缓存的记录进行路由，而不再经过路由器处理，这样的数据包的路由速度就大大提高了。如果三层交换机在路由缓存中没有发现记录，再将数据包发往路由器进行处理，处理之后再转发数据包。

具有"路由器的功能、交换机的性能"的三层交换机虽然同时具有二层交换和路由的特性，但是三层交换机与路由器在结构和性能上存在很大区别。在结构上，三层交换机更接近于二层交换机，只是针对三层路由进行了专门设计，所以称为"三层交换机"而不是"交换路由器"。在交换性能上，路由器比三层交换机的交换性能要弱很多。

2. 三层交换机的用途

（1）用于骨干网络。

核心骨干网要用三层交换机，否则整个网络成千上万台的计算机都在一个子网中，不仅毫无安全可言，也会因为无法分割广播域而无法隔离广播风暴。

如果采用传统的路由器，虽然可以隔离广播，但是性能又得不到保障。而三层交换机的性能非常高，既有三层路由的功能，又具有二层交换的网络速度。二层交换是基于 MAC 寻址，三层交换则是转发基于第三层地址的业务流；除了必要的路由决定过程外，大部分数据转发过程由二层交换处理，提高了数据包转发的效率。

三层交换机通过使用硬件交换机构实现了 IP 的路由功能，其优化的路由软件使得路由过程效率提高，解决了传统路由器软件路由的速度问题。

（2）用于连接子网。

同一网络上的计算机如果超过一定数量（通常在 200 台左右，视通信协议而定），就很可能会因为网络上大量的广播而导致网络传输效率低下。为了避免在大型交换机上进行广播所引起的广播风暴，可将其进一步划分为多个虚拟局域网（VLAN）。但是这样做将导致一个问题：VLAN 之间的通信必须通过路由器来实现。但是传统路由器难以胜任 VLAN 之间的通信任务，因为相对于局域网的网络流量来说，传统的路由器的路由能力太弱，而千兆级路由器的价格也是难以接受的。如果使用三层交换机上的千兆端口或百兆端口连接不同的子网或 VLAN，就在保持性能的前提下，经济地解决了子网划分之后子网之间必须依赖路由器进行通信的问题，因此三层交换机是连接子网的理想设备。

3. 三层交换机的优点

除了优越的性能之外，三层交换机还具有一些传统的二层交换机没有的特性，这些特性可以给局域网的建设带来如下好处。

（1）高可扩充性。

三层交换机在连接多个子网时，子网只是与第三层交换模块建立逻辑连接，不像传统外接路由器那样需要增加端口，从而保护了用户对局域网的投资。

（2）内置安全机制。

三层交换机可以与普通路由器一样，具有访问列表的功能，可以实现不同 VLAN 间的单向或双向通信。如果在访问列表中进行设置，可以限制用户访问特定的 IP 地址。

访问列表不仅可以用于禁止内部用户访问某些站点，也可以用于防止局域网外部的非法用户访问局域网内部的网络资源，从而提高网络的安全。

（3）适合多媒体传输。

局域网经常需要传输多媒体信息。三层交换机具有 QoS（服务质量）的控制功能，可以给不同的应用程序分配不同的带宽。

例如，在局域网中传输视频流时，就可以专门为视频流传输预留一定量的专用带宽，相当于在网络中开辟了专用通道，其他的应用程序不能占用这些预留的带宽，因此能够保证视频流传输的稳定性，而普通的二层交换机就没有这种特性。

另外，视频点播（VOD）也是局域网中经常使用的业务。但是由于有些视频点播系统使用广播来传输，而广播包是不能跨网段的，这样 VOD 就不能实现跨网段进行；如果采用单播形式实现 VOD，虽然可以实现跨网段，但是支持的同时连接数就非常少，一般几十个连接就占用了全部带宽。而三层交换机具有组播功能，VOD 的数据包以组播的形式发向各个子网，既实现了跨网段传输，又保证了 VOD 的性能。

（4）计费功能。

在局域网中很可能有计费的需求，因为三层交换机可以识别数据包中的 IP 地址信息，因此可以统计网络中计算机的数据流量，可以按流量计费，也可以统计计算机连接在网络上的时间，按时间进行计费。而普通的二层交换机就难以同时做到这两点。

5.4　路由器

路由器工作在 OSI 参考模型的第三层——网络层。路由器在网络互联中起着至关重要的作用，主要用于局域网和广域网的互联。全球最大的互联网 Internet 就是由众多的路由器连接起来的计算机网络组成的，可以说，没有路由器就没有今天的 Internet。

5.4.1　路由器的功能

路由器是一种用于路由选择的专用设备，那么路由选择又是什么呢？

Internet 的背后其实就是千千万万个路由器。随着网络规模的不断扩大，整个网络可能包含成千上万台相互连接的计算机，那么怎样实现这么多的设备相互通信呢？就好像不能让每一个邮局都记住世界上所有城市、乡村的地址一样，不可能去让每一台计算机记住其他所有计算机的位置，更何况这些计算机的位置可能是动态变化的。那么如何解决这个问题呢？

在日常生活中，通过邮局发送信件时，并不是在信封上只写上信件的目的城市或乡镇街道的名称，而是按顺序写出省、地市、城镇、街道……例如，从北京寄一封信到山东省济南市历下区燕子山路 36 号，那么可能是这样的：

从北京的本地邮局将信寄出，邮局根据信封上的地址判断它下一步该往山东省发送，到了山东省再转发到济南市，然后是历下区，最后送到目的地。当然在这里只是为说明问题而举的一个简单例子。总的说来，在日常生活中，将整个国家划分成省、直辖市、自治区，它们之间均知道对方；然后再由省下发到它下面的地市，再到县、区、街道……这样就解决了问题。

根据这个思路，可将整个网络人工地分成许多互相连接的小网络，这些相互连接的小网络下还可以根据需要再分成一些子网络，整个结构如图 5-9 所示。

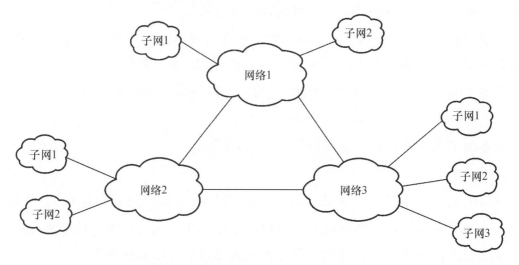

图 5-9　分成小网络后网络结构示意图

然后，让这些小网络互相记住其他小网络的位置，而这些小网络的子网络则记住其他子网络的位置。那么由谁来"记住"呢？而且网络的整个结构还会产生变化，又由谁来跟踪这些变化呢？这时就产生了一种新的网络设备，称为路由器。由于它的工作是记住和跟踪其他网络的情况，并指示本网络的信息如何到达另一个网络，路由器就是为信息寻找到达目标节点的工具。安装路由器后，整个网络如图 5-10 所示。

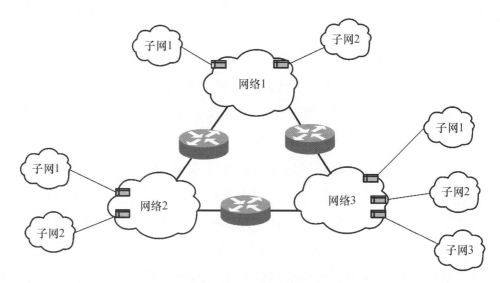

图 5-10　在网络中使用路由器结构示意图

路由器的主要功能为：路径选择、数据转发（又称为交换）和数据过滤。路由器的功能可以由硬件来实现，也可以由软件来实现，或者是部分功能用硬件来实现，部分功能用软件来实现。

5.4.2 路由选择

路由器一般有多个网络接口，包括局域网的网络接口和广域网的网络接口，每个网络接口连接不同的网络，是一个网状网的拓扑结构，这就为源主机通过网络到目的主机的数据传输提供了多条路径。路由选择就是从这些路径中寻找一条将数据包从源主机发送到目的主机的最佳传输路径的过程。

图 5-11 所示为路由器工作原理的一个简单例子。假设，主机 A 要向主机 B 发送数据，中间要经过多个路由器，这时有多条路径可供选择，其路径选择和数据转发的工作流程如下：

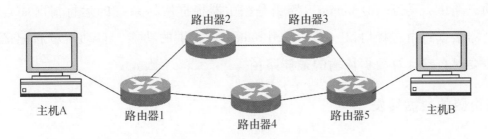

图 5-11　路由选择的实现

（1）主机 A 将欲发送的数据（包括 B 的地址）发送给路由器 1。

（2）路由器 1 收到主机 A 的数据包以后，先从数据包中取出主机 B 的地址，再根据路由表从多条路径中计算出发往主机 B 的最短路径，这里假设该路径为：主机 A—路由器 1—路由器 4—路由器 5—主机 B，并将数据包转发给路由器 4。

（3）路由器 4 重复路由器 1 的工作，并将数据包转发给路由器 5。

（4）路由器 5 取出主机 B 的地址，发现主机 B 就在该路由器所连接的网络上，就将该数据包发往主机 B。

至此，主机 A 的数据包经一级级转发，最终发送到目的主机 B。

5.4.3 路由协议

在路由器中，路径选择是根据路由器中的路由表来进行的，每个路由器都有一个路由表，路由器选择好某种路由协议后，就按照一定的路由算法建立并维护路由表，路由表中定义了从该路由器到目的主机的下一个路由器的路径。所以，路由选择是通过在当前路由器的路由表中找出对应于该数据包目的地址的下一个路由器来实现的。

路由协议是指路由选择协议，是实现路由选择算法的协议。网络互联中常用的路由协议有：RIP（路由选择信息协议）、OSPF（开放式最短路径优先协议）、IGRP（内部网关路由协议）等。其中，RIP 是基于距离向量的路由协议，在 RIP 中，路由器检查从源路由器到目的路由器的每条路径，并选择站点数最少的路径到达目的地。

由此可见，路由器的主要工作就是为经过路由器的每个数据帧寻找一条最佳传输路径，并将该数据有效地传送到目的站点，选择最佳路径的策略即路由算法是路由器的关键所在。为了完成这项工作，在路由器中保存着各种传输路径的相关数据——路由表（Routing Table），供路由选择时使用。路由表中保存着子网的标志信息、网上路由器的个数和下一个路由器的名字等内容。路由表可以是由系统管理员固定设置好的，也可以由系统动态修改，可以由路由器自动调整，也可以由主机控制。

（1）静态路由：由系统管理员事先设置好固定的路由称为静态（Static）路由，一般是在系统安装时就根据网络的配置情况预先设定的，它不会随未来网络结构的改变而改变。

（2）动态路由：动态（Dynamic）路由是路由器根据网络系统的运行情况而自动调整的路由。路由器根据路由选择协议（Routing Protocol）提供的功能，自动学习和记忆网络运行情况，在需要时自动计算数据传输的最佳路径。

5.4.4 路由器的数据转发

Internet 用户使用的各种信息服务，其信息传送均以 IP 包为单位进行，IP 包除了包括要传送的数据信息外，还包含要传送的目的 IP 地址、发送信息的源主机 IP 地址以及一些相关的控制信息。当一个路由器收到一个 IP 数据包时，它将根据数据包中的目的 IP 地址查找路由表，根据查找的结果将此 IP 数据包送往对应端口。下一台 IP 路由器收到数据包后继续转发，直至发到目的地。

除了上述功能外，路由器的另外一个重要作用就是充当过滤器，将来自对方网络的不需要的数据阻止在网络之外，进而减少网络之间的通信量，正是由于这种过滤功能，使得网络之间阻挡某些特殊数据成为可能。

路由器的技术含量高，比较常见的路由器生产厂家有华为、TP-LINK、Cisco 等。

5.4.5 路由器的种类

1. 按支持网络协议的能力

从支持网络协议能力的角度，可把路由器分为单协议路由器、多协议路由器。单协议路由器只能用于特定的网络协议环境，一般是商家为某种特定的网络协议相配套而开发的。多协议路由器可支持当前流行的多种网络协议，具有广泛的适应性。它能提供一种管理手段来允许/禁止某种特定的协议。

2. 按工作位置

从工作位置考虑，路由器可分为访问（Access）路由器和边界（Boundary）路由器。访问路由器主要用来连接远程节点或工作组进入主干网，一般由 1~2 个 LAN 接口、2~3 个

WAN 接口和 2~3 种网络协议（通常包括 IP 协议）组成，属于传统的路由体系结构。边界路由器建立了一种新的路由体系结构，其特点是由一个中央路由器（或交换机）连接所有的外部和边界路由器。

3. 按连接规模和能力

从连接规模和能力考虑，路由器可分为区域路由器、企业路由器和园区路由器等，分别适用于不同规模的网络的互联。

5.4.6 路由器的选择

在选择路由器时，一般需要注意以下几个方面：

1. 管理方式

即用户可以通过哪些方式对路由器进行管理设置。路由器最基本的管理方式是利用终端（或 Windows 提供的超级终端）通过专用配置线连接到路由器的配置口直接进行配置，一般都是先使用这种方式对路由器进行初步的设置。

2. 多协议支持

即路由器支持哪些广域网协议。ISP（Internet 接入服务提供商）利用不同的广域网技术可以为用户提供不同的广域网线路，而用户往往不能确保自己一直使用一种广域网线路，因此在选择路由器时最好对其支持的广域网协议加以注意。ISP 提供的广域网线路主要有 X.25、帧中继、DDN 专线、ADSL 等几种，在选择路由器时最好考虑将来的实际需求。

3. 安全性

即路由器使用以后能否确保自己内部局域网的安全。目前许多厂家的路由器可以设置访问权限列表，从而可以控制进出路由器的数据，防止非法用户的入侵，实现防火墙功能。

4. 地址转换功能

使用路由器对外连接时，路由器能够屏蔽内部局域网的网络地址，利用地址转换功能统一转换成 ISP 提供的广域网地址，这样网络上的外部用户就无法了解本局域网的网络地址，进一步阻止了非法用户的入侵。同时，这种方法也是实现局域网用户通过一个 IP 地址访问 Internet 的手段。

5.5 其他网络设备简介

5.5.1 调制解调器

1. 调制解调器的功能

在早期的计算机远程通信中，一般都利用庞大而成熟的公用电话网。电话入户信号基本上都是模拟信号，而计算机所处理和传输的信息都是数字信号，因此计算机联网通信时必须有能将数字信号转换为模拟信号及模拟信号转换成数字信号的转换装置，前者称为调制器，后者称为解调器，把两种功能集成在同一台设备上，就称为调制解调器，即 Modem（是 Modulater 和 Demodulater 两个单词的缩写）。

通过普通电话线传输数据的 Modem 作为连接计算机和网络的主要设备，具有使用方便、价格适中、功能齐全的特点，对 Internet 的普及和发展起到了极其重要的作用。

2. 调制解调器的分类

（1）外置式 Modem。

顾名思义，"外置式"就是放在计算机主机外面的设备，它的背面有与计算机、电话线等连接的插座，通过 RS-232 串口线与计算机的串行口连接，这种 Modem 的优势在于安装方便，前面板上有各种功能指示灯，工作状态一目了然，而且由于在主机外面，所以抗干扰能力较强。缺点是需要占用一个串口，而且价格相对较贵。

典型的外置式的 Modem 如图 5-12 所示。它有一个 RS-232 接口，用来和计算机的 RS-232 串口相连。标有"Line"的接口接电话线，标有"Phone"的接口接电话机。不同的 Modem 其外形不同，但这些接口都是类似的。除此之外，它带有一个变压器，为其提供直流电源。

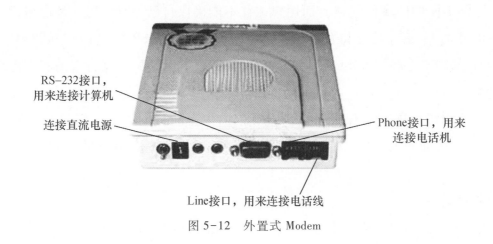

RS-232接口，用来连接计算机

连接直流电源

Phone接口，用来连接电话机

Line接口，用来连接电话线

图 5-12　外置式 Modem

（2）内置式 Modem。

内置式 Modem 就是一块像声卡、显卡一样安装于计算机主板扩展槽上的板卡，由于没有了外壳及外接电源，使得这种 Modem 的售价大大低于外置 Modem，但是安装时需要打开机箱，比较麻烦，需要占用主板上一个扩展槽（早期 Modem 是 ISA 接口的，现在几乎所有的 Modem 都是 PCI 接口的），而且容易受到其他设备的干扰而降低连接质量。

图 5-13 所示是一块典型的即插即用的 Modem（卡上没有跳线）。它有两个接口，一个标明"Line"的字样，用来接电话线；另一个标明"Phone"的字样，用来接电话机。外置 Modem 的外形和内置式差别很大，但功能是一样的。

（3）USB Modem。

USB Modem 集合了内置式 Modem 和外置式 Modem 的优点于一身，由于它是 USB 接口的，所以不必担心计算机的扩展能力（USB 接口允许最多串接 127 个设备）。同时它是外置式的，不必担心干扰问题，也不用外接电源，体积非常小巧，仅有烟盒般大，甚至可以随身携带，走到哪里都可以上网。

（4）PCMCIA 接口的 Modem。

这种 Modem 是专为笔记本电脑设计的，它通过 PCMCIA 接口插入笔记本电脑，再通过转接线连接电话线。

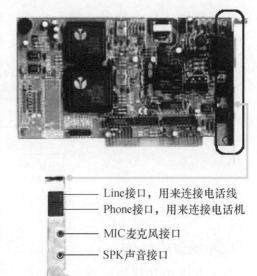

Line接口，用来连接电话线
Phone接口，用来连接电话机
MIC麦克风接口
SPK声音接口

内置式Modem的接口说明

图 5-13 内置式 Modem

除以上四种常见的 Modem 外，还出现了 ISDN 调制解调器、ADSL 调制解调器和一种称为 Cable Modem 的调制解调器，Cable Modem 利用有线电视的电缆进行信号传送，不但具有调制解调功能，还集路由器、集线器、桥接器于一身，理论传输速度可达 10 Mbps 以上。通过 Cable Modem 上网，每个用户都有独立的 IP 地址，相当于拥有了一条个人专线。

ADSL Modem，就是专门用于 ADSL 技术应用的 Modem，负责对 ADSL 信号进行调制解调，发送和接受 ADSL 信号，是实现 ADSL 不可缺少的一部分。比起普通拨号 Modem 的最高 56 kbps 速率，以及 N-ISDN 128 kbps 的速率，ADSL 具有明显的速率优势，同时，ADSL 还可以在同一铜线上分别传送数据和语音信号，数据信号并不通过电话交换机设备，减轻了电话交换机的负载。这意味着使用 ADSL 上网并不需要缴付另外的电话费。与Cable Modem 相比，ADSL 技术也具有相当大的优势。Cable Modem 的 HFC 接入方案采用分层树状结构，用户要和邻近用户分享有限的带宽，而 ADSL 接入方案在网络拓扑结构上较为先进，因为每个用户都有单独的一条线路与 ADSL 局端相连，它的结构可以看作是星状结构，它的数据传输带宽是由每一用户独享的。

5.5.2 中继器

1. 中继器的作用

当电信号在传输介质上传输时，电信号会随着电缆长度的增加而减弱，这种现象称为衰减，衰减到一定程度时将造成信号失真，因此会导致接收错误。中继器就是为解决这一问题而设计的。它完成物理线路的连接，对衰减的信号进行放大，保持与原数据相同。

中继器（Repeater，RP）是连接网络线路的一种装置，常用于两个网络节点之间物理信号的双向转发工作，负责在两个节点物理层上按位传递信息，完成信号的复制调整和放大功能，以此来延长网络段的长度或将两个网络段连接在一起，如图 5-14 所示。

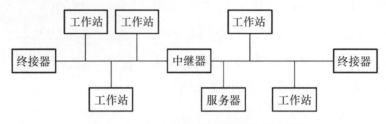

图 5-14　带中继器的网络连接示意图

2. 中继器的特点

中继器是连接网络线路的一种装置，常用于两个网络节点之间物理信号的双向转发工作，它位于 OSI 参考模型中的最底层——物理层，只是起到一个放大信号、延伸传输介质的作用，与高层协议无关。中继器的特点可归纳为以下两点：

（1）由中继器连接起来的两端必须采用相同的介质访问控制协议，即相同的数据链路层协议。因为中继器工作在物理层，它只能识别物理层各种各样的数据格式，而不能识别数据链路层的数据格式。

（2）从理论上讲中继器的使用是无限的，网络也因此可以无限延长，事实上这是不可能的，因为网络中都对信号的延迟范围做了具体规定，中继器只能在此规定范围内有效工作，否则会引起网络故障，以太网标准中就约定了一个以太网上只允许出现 5 个网段，最多使用 4 个中继器，而且其中只有 3 个网段可以挂接计算机终端。另外，中继器的作用是扩充局域网、增加主机数目，由于由中继器连接起来的局域网仍然属于同一个局域网，随着网络主机的增加，网络的负担加重，易造成网络阻塞。

中继器在以同轴电缆为介质的网络中经常使用，在目前网络连接大量使用双绞线和光纤的情况下，很少再使用中继器。

5.5.3　收发器

收发器，顾名思义，就是接收信号、发送信号的设备。其作用是完成不同的网络传输介质及传输形式之间的互联。收发器的种类很多，包括光纤—双绞线收发器、同轴电缆收发器、卫星收发器、微波收发器等，下面着重介绍同轴电缆收发器和光纤收发器。

1. 同轴电缆收发器

在 1990 年前后的网络系统中，网络传输介质通常采用细缆或粗缆，因此，经常用到此类收发器。例如，细缆—粗缆收发器、粗缆连接设备时使用的穿刺式收发器等。同轴电缆收发器目前已经很少见到。

2. 光纤收发器

光纤收发器通过把原来在双绞线上传输的电信号转换成在光纤上传输的信号，以延伸以太网的连接距离。光纤收发器中既包含了光发送机，又包含了光接收机，因此，根据支持的网络传输速率、光纤口规格的不同，产品品种也是复杂多样的，如图 5-15 所示。目前，用于电信部门主干线路的光纤收发器传输带宽可以达到数十 Gbps。

图 5-15　ST 头与 SC 头光纤收发器

常见的光纤收发器有：

- 100Base-TX 到 100Base-FX 多模光纤收发器（ST 头或 SC 头），100 Mbps
- 10Base-TX 到 10Base-FX 多模光纤收发器（ST 头或 SC 头），10 Mbps
- 100Base-TX 到 100Base-FX 单模光纤收发器（ST 头或 SC 头），100 Mbps
- 10Base-TX 到 10Base-FX 单模光纤收发器（ST 头或 SC 头），10 Mbps
- 多模转单模光纤收发器，等等。

小　结

在计算机网络中，为了实现互相通信的功能，就必须用到各种各样的网络设备，本章主要介绍了在整个网络中发挥重要作用的设备，包括网卡、集线器、交换机、路由器、调制解调器等，通过本章的学习，要了解这些网络设备的性能、用途、实现技术等，在网络建设中能够根据实际情况，确定应使用的设备。

习　题

1. 简述网卡具有哪些功能。
2. 交换机是从哪个层次上实现了网络的互联？与网桥相比，交换机具有哪些优点？
3. 什么是虚拟局域网？虚拟局域网的实现方式有哪些？
4. 路由器从哪个层次上实现了不同网络的互联？路由器主要有哪些功能？
5. 中继器与集线器有何不同？
6. 集线器之间的连接方法有哪两种？

第6章　Internet 基础

　　Internet 是当今世界上规模最大的计算机互联网，已延伸到 170 多个国家和地区，有着丰富的信息资源。现在，人们从 Internet 的应用中真正体会到了"资源共享"的意义。本章介绍 Internet 的基本技术和相关应用。

6.1　Internet 概述

　　Internet 的全称是 Internetwork，中文称为因特网。Internet 是集现代计算机技术、通信技术于一体的全球性计算机互联网，它是由世界范围内各种大大小小的计算机网络相互连接而成的全球性计算机网络。然而仅把 Internet 看作一个计算机网络，甚至只是一群相互连接的计算机网络都是不全面的，因为计算机网络只是简单的传载信息的载体，Internet 的优越性和实用性在于信息本身，应该把它视为一个庞大的、实用的、可享受的信息源。

　　在 Internet 上，使用者的地位是平等的。Internet 用户不仅是信息资源的使用者，还可以是信息资源的提供者。

6.1.1　Internet 的产生与发展

1. Internet 的产生

　　Internet 是各种新兴技术的产物。20 世纪 60 年代初，美国国防部高级研究计划局（Advanced Research Projects Agency，ARPA）为了保证其计算机系统在遭受敌方打击时不致全部瘫痪，投巨资由 BBN 公司负责研究各个计算中心之间的通信方法。1969 年，BBN 提出了被称为网络控制协议（Network Control Protocol，NCP）的分组交换网络协议，并且开发出对计算机进行网络控制的信息报文处理器（Information Message Processor，IMP）。随后，分别位于加利福尼亚大学洛杉矶分校、圣巴巴拉分校、斯坦福研究所及犹他州立大学的四台大型计算机被首先连接起来，建立了全球第一个实验性计算机通信网络，即 ARPANET。

在总结第一阶段建网实践经验的基础上，研究人员开始第二代网络协议的设计工作。在 1972 年的第一届国际计算机通信会议上，与会代表就不同计算机和网络间的通信协议达成一致，并在 1974 年诞生了两个 Internet 基本协议，即 Internet 协议和传输控制协议，这两个协议合称为 TCP/IP 协议。所有连接在网络上的计算机，只要各自遵照这个协议，就能通过网络传送任何以数字方式存在的文件或命令。1980 年前后，ARPANET 所有的主机都转向了 TCP/IP 协议。随着 TCP/IP 协议的标准化，ARPANET 的规模不断扩大，不但美国国内有许多网络与 ARPANET 相连，而且世界上很多国家也通过远程通信线路采用 TCP/IP 协议将本地的计算机与网络连接进入 ARPANET。20 世纪 80 年代中期，随着联入 ARPANET 上的主机不断增多，ARPANET 成为 Internet 的主干网。TCP/IP 协议也最终成为计算机网络互联的核心技术。

1977 年，连接在 ARPANET 上的节点已达 57 个，连接各类计算机 100 多台。在 ARPA 网发展的同时，美国一些机构也开始建立自己的面向全国的计算机广域网，这些网络大多使用与 ARPANET 相同的 IP 协议。1983 年，ARPANET 被分成军用与民用两部分，其中民用部分由美国国家科学基金会（National Science Foundation，NSF）管理。该基金会将美国各地的计算机中心连接起来，并在 1986 年建起 NSFNET，连接范围包括美国所有的大学和研究机构。NSFNET 从一开始就采用 TCP/IP 协议，并采取层次结构，整个网络分为主干网、地区网和校园网三个层次：各大学的主机接入校园网，校园网联入地区网，地区网联入主干网，主干网通过高速通信线路与 NSFNET 连接。NSFNET 以后又逐渐和全球各地原有的计算机网络相连，把 Internet 拓展到了全球范围。

在美国发展 NSFNET 的同时，世界上其他一些国家和地区也在建设与 NSFNET 兼容的网络，例如欧洲为研究机构建立的 EBONE、Europenet 等。这些网络的发展都为 Internet 的广泛应用奠定了基础。

2. Internet 的发展

虽然很久以前，人类就对计算机网络发生了兴趣，但 Internet 真正走向商业化、全球化，则是发生在最近几年的事情。在近几年，Internet 已迅速发展成为信息最多、功能最强、覆盖面最大的全球性计算机网络。

1991 年，时任美国国会参议员的戈尔率先提出建立"信息高速公路"的设想。美国前总统克林顿又在 1993 年宣布正式实施"国家信息基础设施行动计划"（National Information Infrastructure Agenda of Action，NII），并在 1994 年投入启动资金 5 400 万美元。伴随着这个宏大计划的展开，Internet 开始为人们所熟悉。它也被看作是信息时代来临的标志，受到了全世界的热切关注。

除美国外，世界其他国家也开始意识到发展 Internet 的紧迫性。1993 年，欧盟委员会主席德洛尔在关于"发展和就业"的一份白皮书中提出了建立欧洲"信息高速公路"的设想，当时计划在 5 年内投资 330 亿法郎发展欧洲的"信息高速公路"。1994 年 10 月 20 日，在欧洲运营计算机网络达 10 年之久的两大组织"欧洲网络机构协会"和"欧洲学术科研网"决定合并，成立泛欧科研教育网络协会。这也预示着"欧洲信息高速公路"时代的到来。

从 1994 年开始，Internet 开始由以科研教育服务为主向商业性计算机网络转变。一批以提供搜索引擎为主要服务内容的公司（例如 Yahoo、Infoseek 等）诞生，这就好比是给人们打开了网络的"黑匣子"，丰富的网络资源终于能被有序地检索和阅览。同时，世界上几乎所有著名的国际公司都纷纷在网上建起自己的商业站点，并把公司的局域网联入 Internet，开展起多种形式的网上服务。于是 Internet 被迅速地推进到各行各业，变得家喻户晓。

1994 年 11 月，美国网景公司推出了其划时代的产品——Internet 浏览器 Netscape Navigator 1.0，这又一次极大方便了人们在网上的搜索和浏览，因而激起了一次用户上网的高潮。据估计，仅仅在这个浏览器推出的一年内，全球 Internet 用户数就激增了一倍，达到 3 000 万人。

1995 年美国国家科学基金会宣布，不再向 Internet 提供资金，Internet 从此完全走上了商业化的道路。1996 年和 1997 年，由于各国对网络基础设施建设投入的加大，Internet 在全球的拓展更加迅猛。经过多年的发展，Internet 已经成为连通世界上几乎所有国家、数千万台主机和数亿用户的网际网。

6.1.2　Internet 的特点

Internet 之所以能够在如此短的时间内得到迅速的发展，主要是因为它具有以下特点。

（1）Internet 是开放的，Internet 的开放性首先体现在它所采用的互联技术上。前面已经介绍过，TCP/IP 协议是 Internet 的技术基础，而这一技术从发源之初，其设计目标就是为所有的计算机寻找一种能相互连接、交流的标准，在此基础上这些不同类型的计算机就可以实现数据信息的直接交换。

另外，Internet 的开放性还体现在对用户的平等接纳及用户之间的信息交流上。在 Internet 上，任何人都是平等的，网络对任何人都是开放的。这里没有社会地位的区分，也没有种族差异，任何一个用户都可以和其他用户进行通信沟通。

（2）Internet 对用户是透明的。假如一个中国的 Internet 用户想给美国的一个朋友发送电子邮件，他只需要知道收件人的邮箱地址，除此之外，无须了解他自己所使用的计算机是如何与对方的机器沟通的，而对方又是使用何种类型的计算机，更不需要了解他所发送的数据是经过什么样的通信线路进行传送的。也就是说，Internet 上的用户可以只关心结果而不是过程，这种特性就是所谓的透明性。

由于 Internet 的发展和应用不能建立在每个用户都成为专家的基础之上，所以 Internet 的透明性对普通用户而言，不仅意味着方便，而且是必需的。

（3）Internet 是一种自律的、自我管理和自我发展的网络。在 Internet 上没有人约束你如何表达你的思想，这完全依赖用户自己，依靠所谓"网络道德"的制约。"自律"被视为 Internet 用户需要遵守的法律。

Internet 是一个自我管理的网络体系。首先，Internet 本身不属于某个国家或组织，Internet 上的计算机属于 Internet 用户自己，由用户自己负责维护、升级。Internet 上的数据通信线路属于各个国家或地区的电信部门，也不属于统一的实体。没有全球统一的官方组织规定这些设备的规格和使用，Internet 这一体系完全是建立在民间的。其次，在 Internet 上广泛使用的一些网络标准，是由民间组织机构负责制定的。这些规则并不具备强制力，用户是否采用完全根据用户自己的意愿。

Internet 上的许多技术是在自由、公开的环境中自我发展起来的，例如美国加州大学开发的 TCP/IP、CERN 开发的 WWW 等技术都向公众开放，供用户共享，任何一个 Internet 用户可以自由选用。正是这种公开，导致技术本身的优胜劣汰，最终能够形成共识并被广泛采用的技术就成为 Internet 不可缺少的技术，使 Internet 得到发展。

（4）Internet 的服务方式是采用客户机/服务器的工作模式，客户机/服务器工作模式是一个逻辑概念，这是一种分布式计算模式，其优点主要在于系统的客户端应用程序和服务器部件分别运行在不同的计算机上，系统中每台服务器都可以适应各部件的要求，这对于硬件和软件的变化显示出极大的适应性和灵活性，而且易于对系统进行扩充和缩小。

（5）Internet 是一种交互式的信息传播媒体，就其发展以及网络上的资源而言，它已经超越了一般的计算机网络或者是信息处理系统的范畴，它更多类似于一种综合性、交互式的信息传播媒体。在 Internet 上，用户可以主动挑选自己感兴趣的资料，同时也可以利用 Internet 将自己的愿望进行反馈，信息的传递是双向的。Internet 的交互性使得用户成为整个传播系统中非常重要的参与者。

6.1.3 Internet 在中国的发展

早在 1986 年，中国的有关学术部门就开始努力将 Internet 引入中国，但是最早建成的学术网络只是和 Internet 进行电子邮件交换，并不能算真正的 Internet 的一部分。

1994 年 10 月，由国家计委投资，国家教委主持的中国教育和科研计算机网（CERNET）开始启动。该项目的目标是建设一个全国性的教育科研的基础设施，利用先进实用的计算机技术和网络通信技术，把全国大部分高等学校和一部分中学连接起来，推动这些学校校园网的建设和信息资源的交流共享，从而极大地改善我国大学教育和科研的基础环境，推动我国教育和科研事业的发展。

　　1995 年 4 月，中国科学院启动京外单位联网工程（即"百所联网"工程）。其目标是在北京地区已经入网的 30 多个研究所的基础上把网络扩展到全国 24 个城市，实现国内各学术机构的计算机互联并和 Internet 相连。在此基础上，网络不断扩展，逐步连接了中国科学院以外的一批科研院所和科技单位，成为一个面向科技用户、科技管理部门及与科技有关的政府部门服务的全国性网络，取名"中国科技网"（CSTNET）。

　　1996 年 1 月，由原邮电部建设的 Internet 接入网——中国公用计算机互联网（CHINANET）的全国骨干网建成并正式开通，全国范围内的公用计算机互联网络开始提供服务。CHINANET 是原邮电部门经营管理的基于 Internet 网络技术的中国公用 Internet 网，是中国 Internet 的骨干网。通过接入国际 Internet，而使 CHINANET 成为国际 Internet 的一部分。通过 CHINANET 的灵活接入方式和遍布全国各个城市的接入点，用户可以方便地接入国际 Internet，享用 Internet 上的丰富资源和各种服务。

　　1996 年 9 月，中国金桥信息网（CHINAGBN）连入美国的 256 kbps 专线正式开通。中国金桥信息网宣布开始提供 Internet 服务，主要提供专线集团用户的接入和个人用户的单点上网服务。

　　1997 年，中国公用计算机互联网（CHINANET）、中国科技网（CSTNET）、中国教育和科研计算机网（CERNET）、中国金桥信息网（CHINAGBN）实现了四个互联网的互联互通。由此，Internet 的应用在我国进入了蓬勃发展的时期。2008 年，我国网民数量达到了 2.53 亿，首次大幅度超过美国，跃居世界第一位。

　　经过几十年的快速发展，我国互联网基础设施全面优化，资源保有量稳步增长，资源应用水平显著提升，互联网应用更加丰富。中国互联网络信息中心（CNNIC）发布的第 41 次《中国互联网络发展状况统计报告》显示，截至 2017 年 12 月，我国网民规模达 7.72 亿，普及率达到 55.8%，超过全球平均水平（51.7%）4.1 个百分点。我国网民规模继续保持平稳增长，互联网模式不断创新、线上线下服务融合加速以及公共服务线上化步伐加快，成为网民规模增长推动力。

　　当前，基于互联网的信息化服务迅速普及，公共服务水平显著提升，新的应用模式不断涌现，Internet 正越来越深刻地影响并引领着社会生活的各个方面。

　　Internet 的产生和发展已对世界经济产生了巨大的影响，然而，随着网络规模的持续膨胀和新型网络应用需求的不断增长，现有的 Internet 面临着许多挑战。一方面，现有的 Internet 可扩展性差，IP 地址空间不够，将来会需要大量的公有地址（比如信息家电、移动终端、工业传感器、自动售货机、汽车等对地址的需求），IPv4 无法为急剧增长的用户群提供服务；另一方面，新的分布式多媒体在线应用（比如对服务质量和安全高度敏感的端到端实时语音及视频应用），对 Internet 的影响以及引出的问题已超出了目前 IPv4 所能解决的范围。这就需要一个新的网络体系结构，提供更高、更完善的网络性能，包括更高的带宽、更高的服务质量（QoS）、可移动性和网络安全性、智能化的网络管理模式等。另外，无处不在的信息与通信服务方式，都需要通过探索新的技术来解决这些问题。在这样的背景下，下一代 Internet（Internet Ⅱ）应运而生。下一代 Internet 由大学高级 Internet 发展联盟（U-CAID）于 1998 年提出，有 170 所大学参加，致力于发展 IPv6、多终点传输、服务质量技术、数字图书馆及虚拟实验室等应用。其中 IPv6 通过采用 128 位的地址空间替代 IPv4 的 32 位地址空间来扩充 Internet 的地址容量，使得 IP 地址在可以预见的时期内不再成为限制网络规模的因素，同时在安全性、服务质量及移动性等方面有了较大的改进。IPv6 解决的不仅仅是 IP 地址空间的问题，更重要的是推动业务创新，使 Internet 能够承担更多的任务，为以 IP 为基础的网络融合，奠定了坚实的基础。

以 IPv6 为基础核心协议的下一代网络，将成为国家信息化的基础设施，并带动国民经济，从基础教育、科研、医疗、能源、交通、金融、环保、工业到家电产业等各行各业的全面发展。在人类社会与人类生活的方方面面，无处不在的网络将提供无处不在的信息与通信服务。

6.2　Internet 的功能

Internet 与大多数现有的商业计算机网络不同，它不是为某些专用的服务设计的。Internet能够适应计算机、网络和服务的各种变化，它能够提供多种信息服务。因此，Internet是一种全球信息基础设施。

Internet 的主要功能有：电子邮件服务、文件传输、远程登录、万维网服务等。

6.2.1　电子邮件服务

1. 电子邮件的特点

电子邮件即 E-mail（Electronic Mail），它利用计算机的存储、转发原理，克服时间、地理上的差距，通过计算机终端和通信网络进行文字、声音、图像等信息的传递。它是 Internet 为用户提供的最基本的服务之一，也是 Internet 上最广泛的应用之一。

电子邮件之所以受到广大用户的喜爱，是因为与传统的通信方式相比，它具有明显的优点：

（1）电子邮件比人工邮件传递迅速，可达到的范围广，而且更可靠。

（2）电子邮件与电话系统相比，它不要求通信双方都在场，而且不需要知道通信对象在网络中的具体位置。

（3）电子邮件可以实现一对多的邮件传送，这样可以使得一位用户向多人发送通知的过程变得很容易。

（4）电子邮件可以将文字、图像、语音等多种类型的信息集成在一个邮件中传送，因此成为多媒体信息传送的重要手段。

2. 电子邮箱和电子邮件地址

早期的局域网就已经能够提供电子邮件服务，它使用局域网电子邮件程序（例如 Microsoft Mail、cc：Mail），通过在局域网中设置电子邮件服务器，向局域网用户提供电子邮件服务。Internet 的电子邮件服务起源于 ARPANET，并且逐渐成为 Internet 最基本的服务类型之一。

使用电子邮件的首要条件是拥有一个电子邮箱（Mail Box）。电子邮箱是由电子邮件服务机构（一般是 ISP）为用户建立起来的。

当用户向 ISP 申请 Internet 账户时，ISP 就会在它的 E-mail 服务器上建立该用户的 E-mail 账户。建立电子邮箱，实际上是在 ISP 的 E-mail 服务器磁盘上为用户开辟一块专用的存储空间，用来存放该用户的电子邮件。这样用户就拥有了自己的电子邮箱。用户的 E-mail 账户包括用户名（User Name）与用户密码（Password）。通过用户 E-mail 账户，用户就可以发送和接收电子邮件。属于某位用户的电子邮箱，任何人都可以将电子邮件发送到这个电子邮箱中，但只有电子邮箱的主人使用正确的用户名和用户密码时，才可以查看电子邮箱的信件内容，或对其中的电子邮件做必要的处理。

每个电子邮箱都有一个邮箱地址，称为电子邮件地址（E-mail Address）。用户的 E-mail 地址格式为：用户名@主机名，其中"@"符号表示"at"。主机名指的是拥有独立 IP 地址的计算机的名字，用户名是指该计算机上为用户建立的 E-mail 账户名。例如：在 163.com 主机上，有一个名为 zhanglei 的用户，那么该用户的 E-mail 地址为：zhanglei@ 163.com。

3. 电子邮件系统的功能

目前的电子邮件系统几乎可以运行在任何硬件与软件平台上。各种电子邮件系统所提供的服务功能基本上是相同的。使用 Internet 的电子邮件程序，用户可以完成以下操作：

（1）撰写与发送电子邮件。

（2）检查电子邮件。

（3）阅读和回复电子邮件。

（4）打印电子邮件。

（5）删除电子邮件。

4. 电子邮件系统的协议

电子邮件系统采用简单邮件传输协议（Simple Mail Transfer Protocol，SMTP）和邮局传输协议（Post Office Protocol，POP3），来保证不同类型的计算机之间的邮件传送。首先，客户机的电子邮件通过 SMTP 协议传送到远程电子邮件服务器上，在服务器之间实现了邮件传递后，最后，接收主机通过 POP3 协议从电子邮件服务器上接收传来的电子邮件，其结构如图 6-1 所示。另一种可以代替 POP3 的协议是网络消息访问协议（Internet Message Access

Protocol，IMAP），它具有和邮件服务器更密切的互动性，但对服务器的性能要求较高。

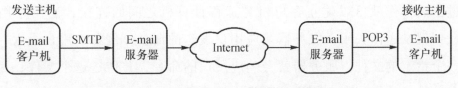

图 6-1　SMTP 客户机/服务器模型

6.2.2　文件传输服务

1. 文件传输的概念

文件传输服务器允许 Internet 上的用户将一台计算机上的文件传送至另一台计算机上。它是广大用户获得丰富的 Internet 资源的重要方法之一。常见的 Internet Explorer 浏览器就可以实现文件传输功能。

Internet 上这一功能的实现是由 TCP/IP 协议簇中的文件传输协议 FTP 支持的。FTP 负责将文件从一台计算机传输到另一台计算机上，并且保证传输的可靠性，所以人们通常将这一类服务称为 FTP 服务。

Internet 上许多公司、大学、研究机构的主机上存放了数量众多的公开发行的各种程序与文件，这是 Internet 上巨大和宝贵的信息资源。利用 FTP 服务，用户就可以方便地访问这些信息资源。

采用 FTP 传输文件时，不需要对文件进行复杂的转换，因此 FTP 比任何其他方式（例如电子邮件）交换数据都要快得多。Internet 与 FTP 的结合，等于使每个联网的计算机都拥有了一个容量巨大的备份文件库，这是单个计算机无法比拟的优势。但是，这也造成了 FTP 的一个缺点，那就是用户在文件"下载"到本地之前，无法了解文件的内容。所谓下载，就是把远程主机上的软件、文字、图片、图像与声音信息转到本地硬盘上。

2. FTP 识别文件格式

文件传输服务是一种实时的联机服务。在进行文件传输服务时，首先要登录到对方的计算机上，登录后只可以进行与文件查询、文件传输相关的操作。

使用 FTP 可以传输多种类型的文件，例如文本文件、二进制可执行文件、图像文件、声音文件、数据压缩文件等。

3. 如何使用 FTP

使用 FTP 的条件是用户计算机和向用户提供的 Internet 服务的计算机能够支持 FTP 命令。FTP 提供的命令十分丰富，涉及文件传输、文件管理、目录管理与连接管理等方面。

根据所使用的用户账户不同，可将 FTP 服务分为普通 FTP 服务、匿名 FTP 服务两类。

像大多数的 Internet 服务一样，FTP 使用客户机/服务器系统。用户在使用普通 FTP 服务时，他首先要在远程主机上建立一个账户，在进行 FTP 操作时，首先应在 FTP 命令中给出远程计算机的主机名或 IP 地址，然后根据对方系统的询问，正确输入自己的用户名与用户密码。通过上述操作就可以建立客户机与远程计算机之间的连接，当用户用客户机程序时，用户的命令就发送出去了，服务器响应用户发送的命令。例如，用户录入一个命令，让服务器传送一个指定的文件，服务器就会响应用户的命令，并传送这个文件；用户的客户机程序接收这个文件，并把它存入相应的目录中。

用户从远程计算机上复制文件到自己的计算机上，称为下载（Downloading）文件；用户把自己计算机上的文件复制到远程计算机上，称为上传（Uploading）文件。

4. 匿名 FTP

Internet 上许多公司和研究机构的主机上都有大量有价值的文件，它们是 Internet 上的重要信息资源。普通 FTP 服务要求用户在登录时提供相应的用户名与用户密码，也就是说用户必须在远程主机上拥有自己的账户，否则无法使用 FTP 服务。这对于大量没有账户的用户来说是不方便的。为了便于用户获取 Internet 上公开发布的各种信息，许多机构提供了一种匿名 FTP（Anonymous FTP）服务。

匿名 FTP 服务的实质是：提供服务的机构在它的 FTP 服务器上建立一个公开账户（一般为 Anonymous），并赋予该账户访问公共目录的权限。用户想要登录到这些 FTP 服务器时，无须事先申请用户账户，可以用"anonymous"作为用户名，用自己的 E-mail 地址或姓名作为用户密码，便可登录，获取 FTP 服务。

匿名 FTP 服务的优点是：

第一，匿名 FTP 运用很广，没有什么指定的要求。所以，每一个人都可以在匿名 FTP 主机上访问文件。"big deal"是指世界上大量运用的匿名 FTP，即上千的匿名主机和无数的文件都可以被免费复制。在 Internet 上，大量信息和大量计算机程序都是可获得的，人们可以利用计算机设备和磁盘空间来获得对自己有用的文件。匿名 FTP 提供进入最大信息库的通路，并且这个库总是不断在壮大，它不关闭，并且无所不包，还可以免费访问。

第二，在 Internet 上，匿名 FTP 是软件分发的主要方式。在 Internet 上保存所有已提供所用标准协议的有用程序。许多程序通过匿名 FTP 分布，每一个人都可以建立一个Internet主机。

6.2.3   远程登录

在 Internet 中，用户可以通过远程登录使自己成为远程计算机的终端，然后在它上面运行程序，或使用它的软件和硬件资源。远程登录是 Internet 上用途非常广泛的一项基本服务。

1. 远程登录的概念与意义

在分布式计算环境中，常常需要调用远程计算机的资源，同本地计算机协同工作，这样可以用多台计算机来共同完成一个较大的任务。这种协同操作的工作方式就要求用户能够登录到远程计算机中，去启动某个进程，并使进程之间能够相互通信。为了达到这个目的，人们开发了远程终端协议，即 Telnet 协议。Telnet 协议是 TCP/IP 协议的一部分，它精确地定义了远程登录客户机与远程登录服务器之间的交互过程。

远程登录是 Internet 最早提供的基本服务功能之一。Internet 中的用户远程登录是指用户使用 Telnet 命令，使自己的计算机暂时成为远程计算机的一个仿真终端的过程。一旦用户成功地实现了远程登录，用户使用的计算机就可以像一台与对方计算机直接连接的本地终端一样进行工作。

远程登录允许任意类型的计算机之间进行通信。远程登录之所以能够提供这种功能，主要是因为所有的运行操作都是在远程计算机上完成的，用户的计算机仅仅是作为一台仿真终端向远程计算机传送击键信息并显示结果。

Internet 远程登录服务的主要作用是：

（1）允许用户与在远程计算机上运行的程序进行交互。

（2）当用户登录到远程计算机时，可以执行远程计算机上的任何应用程序，并且能屏蔽不同型号计算机之间的差异。

（3）用户可以利用个人计算机去完成许多只有大型计算机才能完成的任务。

2. 登录协议

TCP/IP 协议簇中有两个远程登录协议：Telnet 协议和 Rlogin 协议。

系统的差异性给计算机系统的互操作性带来了很大的困难。Telnet 协议的主要优点之一是能够解决多种不同的计算机系统之间的互操作问题。所谓系统的差异性（Heterogeneity），就是指不同厂家生产的计算机在硬件或软件方面的不同。

不同计算机系统的差异性首先表现在不同系统对终端键盘输入命令的解释上。例如，有的系统的行结束标志为 return 或 enter，有的系统用 ASCII 字符的 CR，有的系统则用 ASCII 字符的 LF。键盘定义的差异性给远程登录带来了很多的问题。为了解决系统的差异性，Telnet 协议引入了网络虚拟终端（Network Virtual Terminal，NVT）的概念，它提供了一种专门的键盘定义，用来屏蔽不同的计算机系统对键盘输入的差异性。

Rlogin 协议是 Sun 公司专为 BSD UNIX 系统开发的远程登录协议，它只适用于 UNIX 系统，因此还不能很好地解决异质系统的互操作性。

3. 远程登录的工作原理

Telnet 同样也是采用了客户机/服务器模式，其结构如图 6-2 所示。在远程登录过程中，用户的实终端（Real Terminal）采用用户终端的格式与本地（Telnet）客户机进程通信；远程主机采用远程系统的格式与远程（Telnet）服务器进程通信。网络虚拟终端 NVT 将不同的本地用户终端格式统一起来，使得各个不同的用户终端格式只跟标准的网络虚拟终端 NVT 格式打交道，而与各种不同的本地终端格式无关。Telnet 客户机进程与 Telnet 服务器进程一起完成用户终端格式、远程主机系统格式与标准网络虚拟终端 NVT 格式的转换。

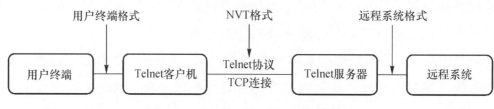

图 6-2　Telnet 的客户机/服务器模型

4. 如何使用远程登录

使用 Telnet 的条件是用户本身的计算机或向用户提供 Internet 访问的计算机支持 Telnet 命令。同时，用户进行远程登录时有两个条件：

（1）用户在远程计算机上有自己的用户账户（包括用户名与用户密码）。

（2）该远程计算机提供公开的用户账户，供没有账户的用户使用。

用户在使用 Telnet 命令进行远程登录时，首先应在 Telnet 命令中给出对方的主机名或 IP 地址，然后根据对方系统的询问，正确的键入自己的用户名与用户密码，有时还要根据对方的要求，回答自己所使用的仿真终端的类型。

Internet 有很多信息服务机构提供开放式的远程登录服务，登录到这样的计算机时，不需要事先设置用户账户，使用公开的用户名就可以进入系统。这样，用户就可以使用 Telnet 命令，使自己的计算机暂时成为远程计算机的一个仿真终端。一旦用户成功地实现了远程登录，用户就可以像远程主机的本地终端一样地进行工作，使用远程主机对外开放的全部资源，例如硬件、程序、操作系统、应用软件及信息资源。

Telnet 也经常用于公共服务或商业目的。用户可以使用 Telnet，远程检索大型数据库、公众图书馆的信息资源库或其他信息。

6.2.4　万维网服务

万维网（World Wide Web，WWW）是一种交互式图形界面的 Internet 服务，简称 Web 或 3W，具有强大的信息连接功能，目前是 Internet 上增长最快的网络信息服务，也是 Internet 上最方便和最受用户欢迎的信息服务类型。它的影响力已远远超出了专业技术范畴，并且已经进入广告、新闻、销售、电子商务与信息服务等各个行业。

1. 超文本与超媒体

要想了解 WWW，首先要了解超文本（Hypertext）与超媒体（Hypermedia）的基本概念，因为它们是 WWW 的信息组织方式。

所谓"超文本"，是指带超链接的文本。即超文本中除了文本信息外，还提供了一些超链接的功能，即在文本中包含了与其他文本的链接。超文本文档中存在大量的链接，每一个超链接都是将某些单词或图像以某些特殊的方式显示出来，例如特殊的颜色、加下划线或是高亮度，WWW 中称这些链接为"热字"。热字往往是上下文关联的单词，通过选择热字可以跳转到其他的文本信息。选择热字的过程，实际上就是选择了某条信息链接线索，这样就可以使得信息检索的过程能按照人们的思维方式发展下去，用户可以根据自己的需要有选择地阅读信息。

超媒体进一步扩展了超文本所链接的信息类型，用户不仅能从一个文本跳转到另一个文本，而且可以激活一段声音，显示一个图形，甚至可以播放一段动画。例如选中当前屏幕上显示的"老虎"文字时，能看到一段关于老虎的动画，同时可以播放一段音乐。超媒体通过这种集成化的方式，将多种媒体的信息联系在一起。

现在，超文本与超媒体的界限已经比较模糊，通常的超文本一般也包括超媒体的概念。

2. 什么是 WWW

WWW 是以超文本标记语言 HTML 与超文本传输协议 HTTP 为基础，能够提供面向 Internet 服务的、一致的用户界面的信息浏览系统。其中 WWW 服务器采用超文本链路来链接信息页，这些信息页既可以放置在同一主机上，也可以放置在不同地理位置的主机上；文本链路由统一资源定位器（URL）维持，WWW 客户端软件（即 WWW 浏览器）负责信息显示与向服务器发送请求。

Internet 采用超文本和超媒体的信息组织方式，将信息的链接扩展到整个 Internet 上。目前，用户利用 WWW 不仅能访问到 Web Server 的信息，而且可以访问到 Gopher、WAIS、FTP、Archie 等网络服务。因此，它已经成为 Internet 上应用最广和最有前途的访问工具，并在商业范围内发挥着越来越重要的作用。

3. 超文本标记语言 HTML 与超文本传输协议 HTTP

超文本标记语言（Hypertext Mark Language，HTML）是一种用来定义信息表现方式的格式化语言，它告诉 WWW 浏览器如何显示信息，如何进行链接。因此，一份文件如果想通过 WWW 主机来显示，就必须要求它符合 HTML 的标准。使用 HTML 语言开发的 HTML 超文本文件一般具有 .htm 的后缀。一般来说，利用专门的工具软件，就可以完成各种类型文件（例如字处理软件、电子表格软件、PowerPoint 文件等）向 HTML 文件的转换。

HTML 语言具有通用性、简易性、可扩展性、平台无关性等特点，并且支持用不同方式创建 HTML 文档。

超文本传输协议（Hypertext Transfer Protocol，HTTP）是 WWW 客户机与 WWW 服务器之间的应用层传输协议，也即浏览器访问 Web 服务器上超文本信息时所使用的协议，它是 TCP/IP 协议簇之一，它不仅保证超文本文档在主机间的正确传输，还能够确定传输文档中的哪一部分，以及先传输哪部分内容等。

4. WWW 服务的特点

WWW 服务的特点是它高度的集成性。它能将各种类型的信息（例如文本、图像、声音、动画、影像等）与服务（例如 News、FTP、Telnet、Gopher、E-mail 等）紧密连接在一起，提供生动的图形用户界面。WWW 为人们提供了查找和共享信息的简便方法，同时也是人们进行动态多媒体交互的最佳手段。

WWW 服务的特点主要有以下几点：

（1）以超文本方式组织网络多媒体信息。

（2）用户可以在世界范围内任意查找、检索、浏览及添加信息。

（3）提供生动直观、易于使用、统一的图形用户界面。

（4）网点间可以互相链接，以提供信息查找和漫游的透明访问。

5. WWW 的工作模式

WWW 采用的是客户机/服务器的工作模式，具体的工作流程如下：

（1）在客户端建立连接，用户使用浏览器向 Web 服务器发出浏览信息请求。

（2）Web 服务器接收到请求，并向浏览器返回所请求的信息。

（3）客户机收到文件后，解释该文件并显示在客户机上。

客户机应用程序是用户与 Web 服务器进行信息传输的界面。首先，用户通过客户端程序与服务器进行连接，然后，用户通过客户端的浏览器向 Web 服务器发出查询请求，服务器接到请求后，解析该请求并进行相应的操作，例如打开数据库进行查询、修改、调用 HTML 文件及 CGI 可执行程序等，以得到客户所需要的信息，并将查询结果返回客户机，最后，当一次通信完成后，服务器关闭与客户机的连接。

一个 Web 服务器实际上就是一个文件服务器，Web 服务器结构化地存储着文档，客户机则是通过客户端软件查询 Web 服务器上的信息，Web 客户端的软件称为浏览器，常用的 WWW 浏览器有 Internet Explorer 等。

6. URL 与信息定位

HTML 的超链接使用统一资源定位器（Uniform Resource Locators，URL）来定位信息资源所在位置，URL 描述了浏览器检索资源所用的协议、资源所在的计算机主机名，以及资源的路径与文件名。

标准的 URL 格式如下：

协议：//主机名或 IP 地址：端口号/路径名/文件名

（1）协议：又称信息服务类型，是客户端浏览器访问各种服务器资源的方法，它定义了浏览器（客户）与被访问的主机（服务器）之间使用何种方式检索或传输信息。URL 中的协议有很多种，常用的有 HTTP、FTP、Telnet、Gopher、News、WAIS 等。

（2）端口号：端口号可以缺省，缺省时使用默认的端口号，否则，应在此处指明它。Internet 上每个应用协议的端口号是由 Internet 的专门结构来分配的，常用的 Internet 应用协议的默认端口号如下：

E-mail 的指定端口号为 25。

Telnet 的指定端口号为 23。

HTTP 的指定端口号为 80。

FTP 的指定端口号为 21。

Gopher 协议的端口号为 70。

域名服务协议的端口号为 101。

尽管端口号是必需的，但由于 Internet 上的大多数服务都有一个默认的端口号，所以在端口号缺省的情况下，面向连接的应用服务使用的是默认的端口号。

（3）"/" 后面是信息资源在服务器上的存放路径和文件名，用来指定用户所要获取文件的目录，由文件所在的路径、文件名、扩展名组成。缺省的情况下，服务器就会给浏览器返回一个缺省的文件。例如，通过浏览器访问 Web 服务器时，存放路径和文件缺省的情况下，Web 服务器返回给浏览器一个名为 index. html 或 default. html 的文件。

6.2.5 即时通信

随着 Internet 的迅速普及，其应用也在不断丰富和深入。中国互联网信息中心（CNNIC）在 2021 年 9 月发布的第 48 次《中国互联网络发展状况统计报告》中记载了 2020 年 12 月和 2021 年 6 月各类互联网应用用户规模和网民使用率，见表 6-1，其中即时通信应用在用户规模和网民使用率上都居首位，已经取代搜索引擎成为主要的网络入口。

表 6-1 2020. 12-2021. 6 各类互联网应用用户规模和网民使用率（CNNIC 数据）

应用	2020. 12		2021. 6		增长率
	用户规模（万）	网民使用率	用户规模（万）	网民使用率	
即时通信	98 111	99.2%	98 330	97.3%	0.2%
网络视频（含短视频）	92 677	93.7%	94 384	93.4%	1.8%
短视频	87 335	88.3%	88 775	87.8%	1.6%
网络支付	85 434	86.4%	87 221	86.3%	2.1%
网络购物	78 241	79.1%	81 206	80.3%	3.8%
搜索引擎	76 977	77.8%	79 544	78.7%	3.3%
网络新闻	74 274	75.1%	75 987	75.2%	2.3%
网络音乐	65 825	66.6%	68 098	67.4%	3.5%
网络直播	61 685	62.4%	63 769	63.1%	3.4%
网络游戏	51 793	52.4%	50 925	50.4%	-1.7%
网上外卖	41 883	42.3%	46 859	46.4%	11.9%
网络文学	46 013	46.5%	46 127	45.6%	0.2%

即时通信（Instant Messaging，IM），是指能够即时发送和接收互联网消息等的业务，自 1998 年面世以来，发展迅速，特别是近几年与手机结合成就移动即时通信后，功能日益丰富，不仅实现了视频通信，还逐步集成了移动支付、理财、购物、电子邮件、博客、音乐、视频、游戏和搜索等多种功能。由此，即时通信不再是一个单纯的聊天工具，它已经发展成集交流、资讯、娱乐、搜索、电子商务、办公协作和企业客户服务等为一体的综合化信息平台，这一发展趋势使人们对通信运营商的需求变成了以流量为主，造成了通信运营商业务的管道化。

即时通信应用借助即时通信软件实现功能。最早的即时通信软件是几个以色列青年在 1996 年发明的 ICQ。ICQ 最多时有 1 亿多用户，主要市场在欧洲和美洲，曾经是世界上应用最广泛的即时通信系统。另一款即时通信应用软件是微软的 MSN Messenge，依靠微软强大的 Windows 操作系统的市场优势，逐渐成为桌面 PC 的标准配置，注册用户数量超过 1.1 亿。2013 年，微软逐步关闭了 MSN Messenge 服务，取而代之的是 Skype。Skype 是全球免费的语音沟通软件，拥有超过 6 亿的注册用户，同时在线超过 3 000 万用户。Facebook（脸书）公司创立于 2004 年 2 月 4 日，主要创始人马克·扎克伯格，其拥有的即时通信软件成为当前国外市场占有率较高的软件。在中国，即时通信系统的代表是腾讯 QQ，目前 QQ 已经覆盖 Microsoft Windows、OS X、Android、iOS、Windows Phone 等多种主流平台，其标志是一只戴着红色围巾的小企鹅。2011 年腾讯公司开发了移动即时通信软件——微信，腾讯公司借助 QQ 的强大市场占有率，迅速普及微信 App，推动中国的即时通信进入移动时代，进一步夯实了腾讯公司在中国即时通信领域的霸主地位。微信借助其强势地位，集成公众号、小程序、移动支付、理财、生活服务、搜索引擎等功能，成为当前国内人们最具依赖性的 App，有基础设施化的趋势。

按应用领域，即时通信可分为个人即时通信（如 QQ、微信等）、商务即时通信（如阿里旺旺）、企业即时通信等。

企业即时通信平台不仅可以为企业提供电话、短信、文件传输、视频会议等即时通信的基础功能，更重要的是能集成 OA（办公自动化）、CRM（Customer Relationship Management，客户关系管理）甚至 ERP（Enterprise Resource Planning，企业资源计划）等企业管理软件，使系统化数据得以充分利用。

6.2.6   云计算

所谓云计算（Cloud Computing），是一种基于互联网的、通过虚拟化方式共享资源的计算模式，存储和计算资源可以按需动态部署、动态优化、动态收回。在远程的数据中心里，成千上万台电脑和服务器连接成一片电脑云。因此，云计算甚至可以让你体验每秒 10 万亿次的运算能力，用户通过个人终端（电脑、手机等）接入数据中心，仅负责数据输入和读取，而将庞杂的处理工作交给"云"来处理。

云计算给用户带来的好处是显而易见的。目前，个人计算机依然是我们日常工作生活中的核心工具——我们用它处理文档、存储资料，通过电子邮件或移动存储与他人分享信息。如果计算机硬盘坏了，我们会因为资料丢失而束手无策。而在云计算时代，"云"会替我们做存储和计算的工作。"云"的好处还在于，其中的计算机可以随时更新，保证"云"长生不老，用户不需要投入庞大的资金来购买或更新这些设备。我们只需要一台能上网的电脑，不需关心存储或计算发生在哪朵"云"上，但一旦有需要，我们可以在任何地点用任何设备，快速地找到这些资料，或进行所需要的运算。用户不用再担心数据丢失、病毒入侵等麻烦。

6.3　Internet 的组成

6.3.1　Internet 的基本结构及特点

1. Internet 的基本结构

Internet 是一种分层网络互联群体的结构。从直接用户的角度，可以把 Internet 作为一个单一的大网络来对待，这个大网络可以被认为是允许任意数目的计算机进行通信的网络。而事实上 Internet 的结构是多层网络群体结构，一般是由三层网络构成的：

（1）主干网：主干网是 Internet 的最高层，它是 Internet 的基础和支柱网层。例如美国的 Internet 主干网是由 NSFNET（国家科学基金会）、Milnet（国防部）、NSI（国家宇航局）及 ESNET（能源部）等政府提供的多个网络互联构成的。中国的 Internet 主干网由 CHINANET、CERNET、CSTNET、CHINAGBN 等构成。

（2）中间层网：中间层网是由地区网络和商业用网络构成的。

（3）底层网：底层网处于 Internet 的最下层，主要是由各科研院所、大学及企业的网络构成。

2. Internet 的结构特点

从互联网络的结构上看，Internet 有以下几个特点：

（1）对用户隐藏网间连接的低层节点，这就意味着 Internet 用户和应用程序不必了解硬件连接的细节。

（2）不指定网络互联的拓扑结构，尤其在增加新网时，不要求全互联，也不要求严格星状连接。

（3）能通过中间网络收发数据。

（4）用户界面独立于网络，即建立通信和传达数据的一系列操作与底层网络技术和信宿机无关，只与高层协议有关。

由于以上特点，在用户看来，整个互联网是统一的网络，在某种意义上，可以把这个"单一"的网络看作一个虚拟网；在逻辑上它是统一的、独立的，在物理层上则由不同的网络互联而成，正是由于 Internet 的这种特性，使得广大 Internet 用户不必关心网络的连接，而只需关心网络提供的丰富资源。

6.3.2　ISP 提供的服务类型

提供 Internet 访问和信息服务的公司或机构，称为 Internet 服务提供商，简称 ISP（Internet Service Provider）。ISP 能为用户提供与 Internet 相连所需的设备，并建立通信连接，提供信息服务。

ISP 主要包括两大类：一类是提供接入服务的 IAP（Internet Access Provider），另一类是提供信息服务的 ICP（Internet Content Provider）。另外，近几年又出现了 Internet 应用服务提供商 ASP（Application Service Provider）。

由于接入 Internet 需要租用国际信道，其成本是一般用户无法承受的。ISP 作为接入服务的中介机构，由它来建立中转站，租用国际信道和大量的本地电话线路，提供集成使用，向本地用户提供服务。ISP 提供的服务主要包括以下三大类：

1. Internet 接入服务

ISP 的最主要服务就是 Internet 的接入服务，包括专线、拨号、无线等接入方式。

2. Internet 系统集成服务

ISP 将协助并帮助客户做好入网的工作，负责为企业或个人用户提供全面的 Internet 解决方案，包括网络设计、软硬件选购、网络建造及人员培训等一系列服务。

网页是企业和个人在网上发布信息的一种载体，它是一种专业性较强的工作，许多 ISP 也提供网页制作的业务。如果客户希望与世界各地的用户和潜在用户直接进行交流，大多数 ISP 也提供帮助客户建立自己的 Web 站点的各种服务。

3. 从事数据库及各种类型的信息方面的服务

通过网络向用户提供各种信息资源，特别是专业的数据库及信息增值方面的服务也是 ISP 的主要服务项目。例如各种信息查询、检索数据库，企业 WWW 用户反馈信息及系统开发工作、电子邮件服务、信息发布代理服务等。

6.3.3　ISP 的主要技术应用

ISP 的主要技术应用包括：

1. 各种 Internet 接入技术

目前 Internet 的接入主要有三条路径：一是电信的数字专线和电话网；二是有线电视网络；三是无线接入。对于大用户一般光纤到楼，通过计算机网络组成局域网，但对于一般用户来讲，可以依靠电话线、有线电视网和无线接入。

2. 设备保障

为了使众多的用户访问 Internet，需要大量的专用设备，例如与 Internet 连接所需要的计算机、路由器、访问服务器或终端服务器、Modem、其他的网络设备和数据通信设备。ISP 要负责它们的正常运作和维护。

3. 计费系统

ISP 必须有一个公平、合理而又准确的计费系统，通常包括计算用户在系统上的时间和数据的通信量。

4. 技术支持和咨询体系

ISP 应该为用户提供专业的建议和帮助，解答上网用户的各种疑问，为用户的服务升级提供帮助。

6.4 Internet 地址和域名服务

Internet 上有成千上万台主机，需要用普遍接受的方法来识别每台计算机和用户。就像每个人都有自己的居住地址一样，Internet 上的计算设备或主机也通过具有唯一性的网络地址来标识自己。Internet 上的网络地址有两种表示形式：IP 地址和域名。

6.4.1 Internet 的地址管理

互联网络协议 IP 是 TCP/IP 参考模型的网络层协议。IP 的主要任务是将相互独立的多个网络互联起来，并提供用以标识网络及主机节点地址的功能，即 IP 地址。

当一个企业或组织要建立 Internet 站点时，都需要从 Internet 的有关管理机构获得一组该站点计算机与路由器的 IP 地址。而每台连接到 Internet 上的计算机、路由器都必须有一个在 Internet 上唯一的 IP 地址，这是 Internet 赖以工作的基础。

1. IP 地址的含义

所谓 IP 地址就是 IP 协议为标识主机所使用的地址，它是 32 位的无符号二进制数，分为 4 个字节，以 ×.×.×.× 表示，每个 × 为 8 位二进制数，对应的十进制数为 0~255。IP 地址又分为网络地址和主机地址两部分，如图 6-3 所示。这种样式的地址被称为点分十进制 (Dotted Decimal) 地址。其中，网络地址用来标识一个物理网络，主机地址用来标识这个网络中的一台主机。

网络地址	主机地址

图 6-3 IP 地址结构

IP 地址的结构使 IP 网络的寻址分两步进行：先按 IP 地址中的网络地址 net-id 把网络找到，再按主机地址 host-id 把主机找到。Internet 入网主机使用的 IP 地址现在由 Internet 网络信息中心进行分配，地址分配是逐级进行的。

2. IP 地址的分类

IP 地址分成为五类，即 A 类到 E 类，如图 6-4 所示。

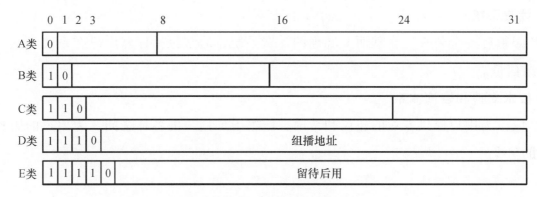

图 6-4　五类 IP 地址

常用的 A 类、B 类和 C 类地址都由两个字段组成。

（1）网络地址字段 net-id。

A 类、B 类和 C 类地址的网络地址字段分别为 1、2 和 3 个字节长，在网络地址字段的最前面有 1~3 位的类别比特，其数值分别规定为 0、10、110，用以标识 A、B、C 三类 IP 地址的类别。

（2）主机地址字段 host-id。

A 类、B 类和 C 类地址的主机地址字段分别为 3、2 和 1 个字节长。

根据上述规则，可以归纳出 A、B、C 三类 IP 地址的定义如下：

① A 类 IP 地址。

网络地址长度有 7 位，因此允许有 $126(2^7-2)$ 个不同的 A 类网络（网络地址为 0 表示本地网络，127 保留作为诊断用）。主机地址长度有 24 位，表示每个 A 类网络中可包含 $16\,777\,214(2^{24}-2)$ 台主机。A 类 IP 地址结构适用于有大量主机的大型网络。A 类 IP 地址范围为 1.0.0.0~127.255.255.255。

② B 类 IP 地址。

网络地址长度为 14（16−2）位，则允许有 $16\,384(2^{14})$ 个不同的 B 类网络。主机地址为 16 位，因此每个 B 类网络可以包含 $65\,534(2^{16}-2)$ 台主机。B 类 IP 地址的范围是 128.0.0.0~191.255.255.255。B 类地址一般分配给中等规模主机数的网络使用，例如一些国际性大公司与政府机构等。

③ C 类 IP 地址。

网络地址长度为 21（24-3）位，允许有 2 097 152(2^{21}) 个不同的 C 类小型网络。主机地址为 8 位，因此每个 C 类网络可以包含 254 台主机。C 类 IP 地址范围是 192.0.0.0 ~ 223.255.255.255。C 类 IP 地址一般分配给小型的局域网使用，例如一些小公司及普通的研究机构。

D 类 IP 地址是组播地址，不用于标识网络，它的范围包括 224.0.0.0 ~ 239.255.255.255。主要是留给 Internet 体系结构委员会（Internet Architecture Board，IAB）使用。

E 类 IP 地址暂时保留以备将来使用，它的范围是 240.0.0.0 ~ 247.255.255.255。

IP 地址中的网络地址是由 Internet 网络信息中心（Network Information Center，NIC）来统一分配的，它负责分配最高级的 IP 地址，并授权给下一级的申请者成为 Internet 网点的网络管理中心。每个网点组成一个自治系统（即自治域系统）。主机地址则由申请的组织自己来分配和管理，自治系统负责自己内部网络的拓扑结构、地址建立及刷新等。这种分层管理的方法能够有效地防止 IP 地址的冲突。

3. 特殊 IP 地址

在 IP 地址中有一些特殊地址被赋予特殊的作用，有可能使用的特殊形式的 IP 地址如表 6-2 所示。

表 6-2 特殊用途 IP 地址含义

网络地址	主机地址	代表含义
Net-id	0	该种 IP 地址不分配给单个主机，而是指网络本身
Net-id	1	定向广播地址（这种广播形式需要知道目标网络地址）
255.255.255.255		本地网络广播（这种广播形式无须知道目标网络地址）
0.0.0.0		本网主机
127	Host-id	回送地址，用于网络软件测试和本地机进程间通信。任何程序使用回送地址发送数据时，计算机的协议软件都将该数据返回，不进行任何网络传输

6.4.2 子网掩码和子网划分

1. 利用子网掩码标识网络地址

子网掩码也是一组 32 位二进制数字，它和 IP 地址配合，主要作用是声明 IP 地址的哪些位属于网络地址，哪些位属于主机地址。

从 IP 地址的结构中可知，IP 地址由网络地址和主机地址两部分组成。对于某一主机的 IP 地址如 192.168.0.1，网络上的其他设备怎样知道它的哪些位属于网络地址，哪些位属于主机地址呢？这就要靠子网掩码来识别。子网掩码的长度也是 32 位，其表示方法与 IP 地址的表示方法一致。它的 32 位二进制分为两部分，第一部分全部为"1"，而第二部分则全部为"0"。子网掩码中为"1"的部分，对应的 IP 地址的位表示网络地址，子网掩码中为"0"的部分，对应的 IP 地址的位表示主机地址。

由网络的划分方法可知，A、B、C 三类网络具有默认的子网掩码。A 类地址的默认子网掩码为 255.0.0.0，B 类地址的默认子网掩码为 255.255.0.0，而 C 类地址的默认子网掩码为 255.255.255.0。

表 6-3 列出了 A、B、C 三类网络的默认子网掩码。

表 6-3　默认子网掩码

类别	子网掩码的二进制数值	子网掩码的十进制数值
A	11111111.00000000.00000000.00000000	255.0.0.0
B	11111111.11111111.00000000.00000000	255.255.0.0
C	11111111.11111111.11111111.00000000	255.255.255.0

子网掩码的工作过程为，将 32 位的子网掩码与 IP 地址进行二进制的逻辑"与"（AND）运算，得到的便是网络地址。将子网掩码取反后与 IP 地址进行二进制的逻辑"与"（AND）运算，得到的便是主机地址。

例如，某一主机设备的 IP 地址为 192.168.200.12，子网掩码为 255.255.255.0，则该 IP 地址相应的二进制表示为：

11000000　10101000　11001000　00001100

子网掩码的二进制表示为：

11111111　11111111　11111111　00000000

与 IP 地址经过逻辑"与"运算，结果为：

11000000　10101000　11001000　00000000

对应的十进制数值为：192.168.200.0

将子网掩码取反后的二进制表示为：

00000000　00000000　00000000　11111111

与 IP 地址经过逻辑"与"运算，结果为：

00000000　00000000　00000000　00001100

对应的十进制数值为：0.0.0.12

该主机设备的 IP 地址所属的网络地址为 192.168.128.0，主机地址为 12。

TCP/IP 协议利用子网掩码机制判断目标主机是位于本地网络还是远程网络，这可以减少网络上的通信量。同一网络中主机间的通信被控制在网络内部，只有不同网络的主机相互通信时，才在路由器的管理控制下进行跨网转发。

2. 利用子网掩码划分子网

子网掩码的另一作用是划分子网。

在局域网的管理中，经常会遇到和下面的例子相似的情况：某单位采用了两个 C 类地址，每个 C 类网络只有 20 台主机，由于 C 类地址最多可以拥有 254 台主机，这样无疑造成了网络地址的浪费。或者，用户只有一个 C 类地址，但希望将单位的若干个部门分别进行管理。这时候，就需要对网络进行子网划分了。子网掩码机制提供了子网划分的方法。

子网划分的作用是：

① 减少网络上的通信量。

② 节省 IP 地址。如刚才的例子中，使用子网划分就可以解决问题。

③ 便于网络管理。将网络分成几个子网后，可对本地用户单独管理，或在单位内部创建彼此隔离的子网，以阻止敏感信息的扩散。

④ 解决物理网络本身的某些问题（如网络覆盖范围超过以太网段最大长度的问题）。

划分子网，就是在 IP 地址中增加表示网络地址的位数，同时减少表示主机地址的位数。

在上面的例子中，根据上述思路，可以将 IP 地址中原来的主机标识部分的前几位改为网络标识，从而将 IP 地址原有的两级结构扩充为如下的 3 级结构：

网络标识部分	子网标识部分	主机标识部分

下面我们考虑如何划分子网。

在动手划分之前，要结合网络目前的需求和将来的需求计划，确定要划分的子网数量。我们以将一个 C 类划分成 6 个子网为例，说明划分子网的方法。

第一步：需要将主机标识部分的前几位改为网络标识。

你需要 6 个子网，6 的二进制值为 110，共 3 位，所以需要将主机标识部分的前 3 位改为网络标识。

第二步：按照你 IP 地址的类型写出其默认子网掩码的二进制数值。

由于是 C 类地址，则默认子网掩码为：

11111111. 11111111. 11111111. 00000000

第三步：将子网掩码中主机标识部分号的前 3 位对应的位置改为 1，其余位置不变。即：

11111111. 11111111. 11111111. 11100000

转换为十进制得到：

255. 255. 255. 224

由于网络被划分为 6 个子网，占用了主机号的前 3 位，对 C 类地址来说，则主机号只能用 5 位来表示主机号，因此每个子网内的主机数量为 $2^5-2=30$，6 个子网总共所能标识的主机数将小于 254。

表 6-4 给出了将一个 C 类网络 218.98.101.0 用三个子网位划分成 6 个子网后的情况。

表 6-4　子　网　划　分

子网	子网地址（二进制）	子网地址（十进制）	实际 IP 范围
1 号	11011010.01100010.01100101.00100000	218.98.101.32	218.98.101.33~218.98.101.62
2 号	11011010.01100010.01100101.01000000	218.98.101.64	218.98.101.65~218.98.101.94
3 号	11011010.01100010.01100101.01100000	218.98.101.96	218.98.101.97~218.98.101.126
4 号	11011010.01100010.01100101.10000000	218.98.101.128	218.98.101.129~218.98.101.158
5 号	11011010.01100010.01100101.10100000	218.98.101.160	218.98.101.161~218.98.101.190
6 号	11011010.01100010.01100101.11000000	218.98.101.192	218.98.101.193~218.98.101.222

这种划分实际上将网络划分成了 8 个子网。大约在 2006 年以前，RFC950 规定不能使用全 0 和全 1 子网，因此认为有 6 个可用子网。但是 2006 年之后，RFC1878 放开了全 0 和全 1 子网，因此现在只要设备支持就可以使用，这样可用子网为 8 个。

以上是将 C 类网络的子网掩码的主机标识部分的前 3 位改为网络标识，如果将前 4 位改为网络标识，则可以划分成 14 个可用子网，每一个子网容纳的主机数为 14 个，子网掩码为 255.255.255.240。

表 6-5 列出了 C 类网络中子网标识部分的位数与子网掩码、可用子网数、子网中容纳的主机数之间的关系。

表 6-5　C 类网络中子网标识部分的位数与其对应的子网掩码换算关系

子网标识部分的位数	子网掩码	可用子网数	子网中容纳的主机数
0	255.255.255.0	0	254
1	255.255.255.128	0	126
2	255.255.255.192	2	62
3	255.255.255.224	6	30
4	255.255.255.240	14	14
5	255.255.255.248	30	6
6	255.255.255.252	62	2
7	255.255.255.254	126	0
8	255.255.255.255	254	0

清楚下面的问题，对子网划分会有一个更深的理解。

（1）你可能会发现，划分 6 个子网，与划分 4 个或 5 个子网的子网掩码是一样的，都是 255.255.255.224。你可以把划分 4 个子网理解为划分了 6 个子网，但你只使用了其中的 4 个。比如你想划分 10 个子网，与划分 14 个子网所得到的子网掩码是一样的，都占用了 4 位作为子网号。

子网掩码是由划分子网个数的二进制数值的位数所决定的。

（2）如何判断网络是否划分了子网。

可以通过子网掩码来判断，如果它使用了缺省子网掩码，那么表示没有划分子网；反之，则一定进行了子网划分。

（3）网络中的子网数量的计算。

第一步：将子网掩码转换为二进制形式，确定作为子网号的位数 n。

第二步：子网数量为 2^n-2。

例如，一个 C 类网络的子网掩码为：

255.255.255.224

其二进制为：

11111111.11111111.11111111.11100000

显然 $n=3$，子网数量为 6，子网地址可能有如下 8 种情况：

000　001　010　011　100　101　110　111

6.4.3　IPv4 和 IPv6

目前广泛应用的 IP 协议的版本号为 4，故叫 IPv4。IPv4 是 20 世纪 70 年代制定的协议，几十年来，随着因特网的爆炸式增长，在这期间 IPv4 获得了巨大的成功。影响 IPv4 继续使用的一个最大问题是，随着应用范围的扩大——特别是 IP 地址不再只是由计算机使用，越来越多的其他电子设备也在使用 IP 地址——IPv4 暴露出了越来越多的缺陷，最突出的是 IP 地址资源即将耗尽，尤其是数字终端、信息家电的出现加快了这一进程。

由于人们意识到了 IPv4 这一缺陷，在 20 世纪 90 年代初就着手 IP 协议的升级工作，其中具有标志性意义的是 IETF（互联网工程任务组）1998 年 12 月发布的 RFC 2460——网际协议第 6 版技术规范（Internet Protocol, Version 6 Specification）。许多国家纷纷把 IPv6 技术的研究作为未来网络发展的重要课题，在研发规划中均采用 IPv6 协议作为网络的核心协议。许多计算机厂商和网络公司也在开展 IPv6 的研究实施工作。

IPv6 具有许多新的优点，它的最大特征是 IP 地址从 32 位变为 128 位。原先的 IPv4 地址以"192.168.209.131"（点分十进制）的形式表示，而 IPv6 地址的表现方式类似于：ABCD：EF98：7654：3210：ABCD：EF98：7654：3210（：十六进制），显而易见，地址容量大为增加。IPv6 能够为所有使用 IP 地址的设备提供足够多的 IP 地址（IPv4 的设计者当初也这么认为）：IPv6 的地址总数大约有 $3.4×10^{38}$ 个，平均到地球表面上来说，每平方米将获得 $6.5×10^{23}$ 个地址。一些商业公司推出的操作系统，已包含了 IPv6 的特性，如 Sun 公司的 Solaris 11、IBM 公司的 AIX、Microsoft 公司的 Windows 10 等。

从 2011 年开始，主要用在个人计算机和服务器系统上的操作系统基本上都支持高质量 IPv6 配置产品。例如，Microsoft 公司的 Windows 从 Windows 2000 起就开始支持 IPv6，到 Windows XP 时已经进入了产品完备阶段。而 Windows Vista 及以后的版本，如 Windows 7、Windows 8 等操作系统都已经完全支持 IPv6，并对其进行了改进以提高支持度。Mac OS X Panther（10.3）、Linux 2.6、FreeBSD 和 Solaris 同样支持 IPv6 的成熟产品。一些应用基于 IPv6 实现，如 BitTorrent 点到点文件传输协议等，避免了使用 NAT 的 IPv4 私有网络无法正常使用的普遍问题。

2012 年 6 月 6 日，Internet 网络协会举行了世界 IPv6 启动纪念日，这一天，全球 IPv6 网络正式启动。网络基础设施正全面向 IPv6 演进升级，IPv6 活跃用户数达 6.97 亿。

6.4.4　Internet 的域名服务

数字型 IP 地址的缺点是不直观、难以理解，而且不便于记忆。因此，TCP/IP 又建立了一套通用性很强的字符型名字机制——Internet 的域名系统（Domain Name System，DNS），DNS 包含两方面的内容：一是主机域名的管理；另一个是主机域名与 IP 地址之间的映射。

1. DNS 概念

早期的 Internet 规模较小，主机名字管理由国际互联网络信息中心 InterNIC 集中完成，采用一种无层次名字命名机制。Internet NIC 维护一个名为 hosts.txt 的文件，该文件中包含了所有主机的信息及每台主机名字到 IP 地址的映射，NIC 根据网络的变化不断改动文件 hosts.txt，并定期向全网络传递。

随着 Internet 规模的不断扩大，网络节点的增加，主机命名冲突的可能性不断增加，保持主机命名的唯一性变得越来越困难。为了解决问题，Internet 管理机构提出了一个新系统的设计思想，并于 1984 年公布，这就是域名系统（DNS）。

DNS 采用了层次化、分布式、面向客户机/服务器模式的名字管理来代替原来的集中管理，并允许命名管理者在较低的结构层次上管理他们自己的名字。这样就可以把名字空间划分得足够小，由不同的组织进行分散管理，使名字管理更加灵活、方便。

2. DNS 域名的层次管理

DNS 的分层管理机制使它形成了一个规则的树状结构的名字空间，Internet 的域名结构示意图如图 6-5 所示。

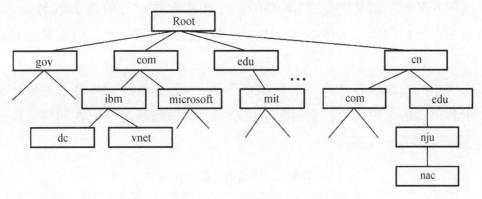

图 6-5　Internet 的域名结构示意图

在这棵结构树中，每个节点都有一个独立的节点名字，根节点的名字为空。兄弟节点不允许重名，而非兄弟节点可以重名，叶子节点通常用来代表主机。由于 Internet 本身的结构就是一种树状层次结构，因此，层次型命名机制与 Internet 结构一一对应，使 Internet 的名字管理层次结构非常清晰。

3. DNS 域名结构

通常 Internet 主机域名的一般结构为：主机名．三级域名．二级域名．顶级域名。

Internet 的顶级域名由国际互联网络信息中心进行登记和管理，它还为 Internet 的每一台主机分配唯一的 IP 地址，全世界现有三大网络信息中心：位于美国的 InterNIC，负责美国及其他地区；位于荷兰的 RIPE-NIC，负责欧洲地区；位于日本的 APNIC，负责亚太地区。

顶级域名有两种主要的模式：组织模式和地域模式。在表 6-6 中，前 8 个域名属于组织模式，最后一个域属于地域模式。组织模式是按管理组织的层次结构来划分域名，产生的域名就是组织性域名。地域模式是按国家地理区域来划分域名，用两个字符的国家代码表示主机所在的国家和地区。例如，"cn"代表中国，"ca"代表加拿大等。

表 6-6　Internet 的顶级域名

域名	含义	域名	含义
com	商业机构	org	非商业组织
edu	教育机构	arpa	临时 arpanet 域（未用）
gov	政府部门	int	国际组织
mil	军事部门	country code	国家
net	主要网络支持中心		

4. 中国的域名体系

除了顶级域名，各个国家有权决定如何进一步划分域名。大部分国家都按组织模式再进行划分。

中国在国际互联网络信息中心（InterNIC）正式注册并运行的顶级域名是"cn"，中国互联网络信息中心（CNNIC）工作委员会在工信部的授权和领导下，负责管理和运行中国顶级域名 cn。

中国互联网络的二级域名分为"类别域名"和"行政域名"两类。"类别域名"是纵向域名，表示各单位的组织机构，全国各单位都可作为三级域名登记在相应二级域名下，目前有 6 个类别域名如表 6-7 所示。

表 6-7 中国的二级域名

域名	含义	域名	含义
ac. cn	科研院所及科技管理部门	net. cn	主要网络支持中心
gov. cn	国家政府部门	com. cn	商业组织
org. cn	社会组织及民间非营利性组织	edu. cn	教育机构

"行政域名"是横向域名，使用 4 个直辖市和各省（自治区）的名称缩写，各直辖市、省（自治区）所属单位可以在其下建立三级域名，例如，bj. cn 表示北京市，gd. cn 表示广东省。

主机域名的三级域名一般代表主机所在的域或组织。例如"tsinghua"代表清华大学。四级域名一般表示主机所在单位的下一级单位，从理论上讲，域名可以无限细化，但通常不超过五级。

5. 域名解析

虽然字符型的主机域名比数字型的 IP 地址更容易记忆，但在通信时必须将其映射成能直接用于 TCP/IP 协议通信的数字型 IP 地址。这个将主机域名映射为 IP 地址的过程叫域名解析。

域名解析有两个方向：从主机域名到 IP 地址的正向解析；从 IP 地址到主机域名的反向解析。域名的解析是由一系列的域名服务器 DNS 来完成的。域名服务器实际是运行在指定的主机上的软件，能够完成从域名到 IP 地址的映射。

6. 中文域名

中文域名是含有中文的新一代域名，同英文域名一样，也是符合国际标准的一种域名体系，使用上和英文域名近似。中国互联网络信息中心（CNNIC）负责运行和管理以"cn""中国""公司""网络"结尾的四种中文域名。查阅中国互联网络信息中心网站可以了解更多的关于中文域名的信息。

6.5 Internet 接入方式

用户接入 Internet 方式很多，早期的有 Modem、ISDN、DDN，后来的有 ADSL、Cable Modem、通过局域网接入等。下面我们了解各种 Internet 接入方式的特点。

目前，电信通信网、广播电视网与计算机网络均可以作为用户接入网。一直以来我国的这 3 种网络由不同的部门管理，并各自按照自己需求，采用不同的体制进行发展。电信部门初始主要是经营电话交换网，用于模拟语音信息的传输。广播电视网由广播电视部门经营，用于模拟图像、语音信息的传输。计算机网络出现得比较晚，由各个不同网络运营商各自建设与管理，主要用于传输计算机所产生的数字信号。这 3 种网络尽管所使用的传输介质、传输机制各不相同，但它们目前都在朝一个共同的方向发展。因为各种信息都可以以数字信号的形式来获取、处理、存储与传输。电信通信网的电话交换网以及广播电视网均在向数字化方向发展。在文本、语音、图像与视频信息实现数字化之后，这 3 种网络在传输数字信号这个基本点上是一致的。同时，它们在完成各自传统业务之外，还可能经营原本属于其他网络的业务。数字化技术使得这三种网络的服务业务相互交叉，并使得它们之间的界限越来越模糊，人们希望能够选择一种最简单、费用最低的方式将自己的计算机接入 Internet。

6.5.1 使用调制解调器拨号方式

调制解调器是一种信号转换装置，它可以把计算机的数字信号调制成通信线路的模拟信号，再将通信线路的模拟信号解调回计算机的数字信号，其作用是将计算机与公用电话线相连接，使得现有网络系统以外的计算机用户，能通过拨号方式利用公用电话网访问计算机网络系统。从而实现个人计算机与 ISP（Internet Server Provider，Internet 接入服务商）的互相通信。

调制解调器品牌多、种类杂、价格差别大，除功能略有不同之外，其原理基本相似。

按调制解调器与计算机连接方式可分为内置式和外置式。内置式调制解调器体积小，使用时插入主板的插槽，不能单独携带；外置式调制解调器体积大，使用时与计算机的通信接口（COM1 或 COM2）相连，工作时有通信工作状态指示，可以单独携带、能方便地与其他计算机连接使用，所以一般外置式要比内置式贵。对于笔记本用户，同 PCMCIA 网卡一样，也有 PCMCIA 接口的 Modem 出售，不过对于笔记本来说，Modem 是个标准件，几乎所有的笔记本都有内置式 Modem。

按调制解调器的传输能力不同，有低速和高速之分，常见的调制解调器传输速率有 14.4 kbps，28.8 kbps、33.6 kbps、56 kbps 等。上网的速率不仅取决于调制解调器传输速率，还受与之相连的电话线路的通信能力的制约。

调制解调器拨号上网是最原始、也是生命力最长的一种方式，虽然这种方式速率很低，但当远程用户访问本地网时，仍是切实可行的方案。

6.5.2 使用 ISDN

ISDN（Integrated Service Digital Network）的中文名称是综合业务数字网，俗称"一线通"。它除了可以用于打电话，还可以提供诸如可视电话、数据通信、会议电视等多种业务，从而将电话传真、数据、图像等多种业务综合在一个统一的数字网络中进行传输和处理，这也就是"综合业务数字网"名字的来历。

1. ISDN 的工作方式

根据带宽的不同，ISDN 有窄带和宽带两种，窄带 ISDN 有基本速率（2B+D，144 kbps）和群速率（30B+D，2 Mbps）两种接口。基本速率接口包括两个能独立工作的 B 信道（每个 B 信道的数据传输速率为 64 kbps，两个 B 信道合计为 128 kbps）和一个 D 信道（16 kbps）。其中，B 信道一般用来传输话音、数据和图像，D 信道用来传输信号命令或分组信息。宽带可以向用户提供 155 Mbps 以上的通信能力，但是，由于宽带综合业务数字网技术复杂，投资巨大，目前应用很少，而窄带综合业务数字网已经非常成熟，因此，各地开通的 ISDN 指的综合业务数字网实际上是窄带 ISDN。此外，由于 ISDN 使用了数字线路数据传输，因此它的误码率比电话低得多。

2. ISDN 的特点

概括起来，ISDN 具有如下特点：

① 可连接的终端类型和数目多：利用一条用户线路，就可以在上网的同时拨打电话、收发传真，就像拥有两条电话线一样。

② 传输质量高：由于采用端到端的数字传输，传输质量明显提高。

③ 相对于 ADSL 和 LAN 等接入方式来说，速度不够快。

3. ISDN 的连接设备

目前常见的 ISDN 设备主要有下面几种。

① NT1：智能网络终端，一般提供两个 S/T 终端接口，可连接数字话机、ISDN 适配器卡或者 ISDN 适配器（TA）。

② NT1+：是 NT1 的延伸产品，与 NT1 的不同之处在于它可以直接连接模拟设备，如模拟电话机、三类传真机和调制解调器等电话设备，ISP 一般会提供这个设备。

③ ISDN 适配器卡：和网卡类似，多为 PCI 接口。把它装到计算机中以后，再与 ISP 提供的 NT1 连接即可实现 ISDN 上网。通常情况下，该适配器还会附带一个模拟接口，可接驳一部普通电话机。

④ ISDN 适配器（TA）：外置产品，多为 USB 接口，支持热插拔，无须外接电源。它的外形一般比较小巧，易于携带，是移动办公、小型办公室及家庭的理想选择。

对于局域网来说，与使用 Modem 共享上网一样，使用 ISDN 共享上网时，服务器也必须运行相应的共享上网程序。此外，目前还有一种设备，这就是 ISDN 路由器。该设备带有 LAN 接口，因此，可直接与 Hub 或交换机相连，实现共享上网。

此外，某些 ISDN 路由器具有多个 LAN 端口，因此，这类 ISDN 路由器还兼具 Hub 功能，用户可以直接利用它连接多台计算机。

6.5.3　使用 DDN 专线

DDN 专线将数字通信技术、计算机技术、光纤通信技术以及数字交叉连接技术等有机地结合在一起，提供了一种高速度、高质量、高可靠性的通信环境，为用户规划、建立自己安全、高效的专用数据网络提供了条件，因此，在多种 Internet 的接入方式中深受广大客户的青睐。

DDN 专线向用户提供的是半永久性的数字连接，沿途不进行复杂的软件处理，因此延时较短，避免了传统的分组网中传输协议复杂、传输时延大且不固定的缺点。DDN 专线接入 Internet 的特点主要有以下几个方面：

① DDN 专线接入能提供高性能的点到点的通信，通信保密性强，特别适合金融、保险等保密性要求高的客户的需要。

② DDN 专线接入还适用于 20/80 业务规则的大中型企业，即 80% 的网络业务在内部网络（Internet）内传输，只有 20% 的网络业务在内部网络（Intranat）与外部网络（这里主要指 Internet）之间的传输。

③ DDN 专线接入传输质量高，通信速率可根据用户需要在 $N×64$ kbps（$N=1$–32）之间选择，网络时延小。

④ DDN 专线信道固定分配，充分保证了通信的可靠性，保证用户使用的带宽不会受其他客户使用情况的影响。

⑤ 通过这条高带宽的国际互联网信道，用户可构筑自己的 Intranet，建立自己的 Web 网站、E-mail 服务器等信息应用系统。

⑥ 专线用户可以免费得到多个合法的 Internet IP 地址和一个免费的国内域名。

⑦ 提供详细的计费、网管支持，还可以通过防火墙等安全技术保护用户局域网的安全，免受不良侵害。

⑧ 通过 VPN（Virtual Private Network，虚拟私有网络）功能，利用本公司的网络综合平台实现安全、可靠的企业国际网络互联，从而构建起企业的国际私有互联网络。

使用 DDN 专线的最大缺点是需要租用一条专线，其使用费用太高。因此，DDN 专线只适合于数据传输量较大的单位。

6.5.4　使用 ADSL

随着交互式多媒体应用逐渐成为现实，网络吞吐量的要求也越来越大。现在，使用 ADSL（Asymmetric Digital Subscriber Line，非对称数字用户线）技术，通过一条电话线，用户可以比普通 Modem 快一百倍的速率浏览因特网，并可以享受到先进的数据服务，如视频会议、视频点播、网上音乐、网上电视、网上 MTV 等。

1. ADSL 技术的特点

ADSL 是一种通过现有普通电话线为家庭、办公室提供宽带数据传输服务的技术。ADSL 即非对称数字信号传送，它能够在现有的普通电话线上提供高达 8 Mbps 的下载速率，以及 1 Mbps 的上传速率，这远高于 ISDN。此外，ADSL 的有效传输距离为3~5 km。

ADSL 的工作过程如下：

（1）Internet 网络主机数据通过光纤传输到电话公司的中心局。

（2）在中心局，ADSL 访问多路复用器，调制并编码用户数据，然后整合来自普通电话线路的语音信号。

（3）整合的语音和数据信号经普通电话线传输到用户家中。

（4）由用户端的 ADSL FILTER（滤波器）分离出数字信号和语音信号，然后数字信号经过解调和解码后传输到用户的计算机中，而语音信号则传输到电话机上，两者互不干扰。

2. ADSL 的连接

ADSL 的安装包括局端线路调整和用户端设备安装。在局端方面，由服务商将用户原有的电话线接入 ADSL 局端设备，这只需两三分钟。用户端的 ADSL 安装也非常简单方便，只要将电话线连接上滤波器，滤波器再与 ADSL Modem 之间用一条两芯电话线连接，最后是在 ADSL Modem 与计算机的网卡之间用一条交叉网线连通即可完成硬件安装，如图 6-6 所示。

ADSL 的使用更加简易，由于 ADSL 不需要拨号，一直在线，用户只要接上 ADSL 电源，便可以享受高速网上冲浪的服务，当然也可以同时打电话。

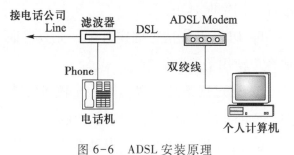

图 6-6   ADSL 安装原理

6.5.5   使用 Cable Modem

Cable Modem 又称为线缆调制解调器，简称 CM。用户可以通过 CM 连接有线电视宽带网（即 HFC，光纤同轴混合网络）接入有线电视数据网，有线电视数据网再和 Internet 宽带相连，就可以在家中高速接入 Internet 网。用户除了可以利用该网络进行传统的信息浏览、信息下载与发布外，还可以享受视频点播（VOD）、音频点播等服务。

Cable Modem 的一个显著优点在于使用 Cable Modem 上网不需要另外布线。有线电视公司利用各家各户的有线电视电缆，可以传送原有的电视节目和 Internet 数据，用户在看电视的时候可以同时上网，这样既可以避免因为拨号上网占用电话线而带来的烦恼，又可以在看电视的同时享受宽带带来的乐趣。

Cable Modem 安装方便，使用简单，其连接方式如图 6-7 所示。将 Cable Modem 接上同轴电缆，开通电源，它能自动检测有线电视台的前端设备（即 CMTS），前端设备自动分配

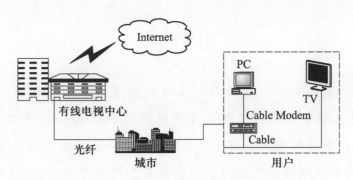

图 6-7 Cable Modem 连接方式

IP 地址和其他必需的网络设置参数给 CM，安装 TCP/IP 协议的计算机通过网卡用双绞线连接到 CM 上，重新启动后即可完成上网的设置过程。所以，Cable Modem 接入是一种真正简单、易用的宽带接入方式。

另外，利用 Cable Modem 上网，是真正的开机即上网。只要你打开计算机，Cable Modem 会自动将你的计算机连接到网上，而且 Cable Modem 的接入方式是不按时间计费的，可以随时上网，一点即通（这主要是 HFC 宽带网带宽所决定的）。

6.5.6 通过局域网接入

通过局域网接入 Internet，一般就是使用高速以太网接入。由于以太网已经成功地将速率提升到 1 Gbps 甚至是 10 Gbps，并且由于采用光纤传输，其所覆盖的地理范围也在逐步扩展，因此人们开始使用以太网进行宽带接入。它是用光缆和双绞线对小区进行综合布线，通常用户会获得 10 M 以上的共享带宽，速度优势明显。考虑到 LAN 接入方式的扩展性比较好，随着用户增多，可以根据需求升级到 100 M 以上。

除了速度，稳定性应该是用户考虑的另一个重点。通常 ADSL 一个节点下的用户不是几十户，而是上百户、上千户，甚至上万户，因而出现了回传噪声、线路之间的串扰问题，很容易影响传输的稳定性。另外，目前我国相当数量的电话线由于线路老化等质量问题，不能承受较高的传输速率，很容易造成断线等问题。而 LAN 方式接入是采用以太网技术，采用光缆+五类双绞线的方式对社区进行综合布线，避免了各种干扰，所以稳定性更好。

通过局域网接入 Internet 的特点是：

① 传输速率高，网络稳定性好。

② 安装简单，节省用户端投资。

③ 采用星状结构，用户共享带宽。

④ 应用广泛，可以实现高速上网、VOD 点播、远程办公等多种应用。

对于上网用户比较密集的办公楼或者居民小区，以太网接入是非常适宜的宽带接入方法。事实上，LAN 宽带正在逐渐成为 Internet 接入方式的主流。

小　结

当今时代已经进入信息时代，及时获得和掌握信息是非常重要的，全球最大的互联网 Internet 为人们获取信息提供了最快、最简单有效的通道，Internet 已经成为人们日常学习、生活必不可少的部分，因此学习和了解 Internet 的技术和应用是非常必要的。本章主要讲述了 Internet 的基础知识和应用技术，通过本章的学习，可以了解 Internet 的功能，包括电子邮件服务、文件传输服务、远程登录、万维网服务；掌握 Internet 的基本概念，例如 IP 地址、DNS 域名系统等；了解并掌握 Internet 的几种接入方式。

习　题

1. 简述 Internet 的发展历程。

2. Internet 的功能主要有哪几种？

3. 为什么说 Internet 是开放的？

4. 试用图示说明 Internet 的基本结构。

5. 简述 Internet 服务商提供的服务类型。

6. 简述网吧局域网构建的基本过程。

7. 试解释 IP 地址和域名地址的关系。

8. 试简述 DNS 域名的层次管理机制。

9. 中国的域名体系按什么来进行组织管理？

10. 常见的 Internet 接入方式有哪几种？

第7章 网络安全与管理

随着网络应用的发展，网络在各种信息系统中的作用变得越来越重要，网络安全问题变得越来越突出，人们已经意识到网络管理与安全的重要性。健全网络综合治理体系，推动形成良好网络生态，加强网络、数据等安全保障体系建设，加强个人信息保护，增强维护国家安全能力，全面增强国家安全教育，提高全民国家安全意识和素养，牢筑国家安全人民防线显得尤为重要。本章在讨论网络安全重要性的基础上，系统地介绍了网络管理技术、网络管理协议以及网络防病毒技术、网络安全技术。

7.1 网络安全与管理及相关的法律法规

7.1.1 网络安全的内容

计算机网络的应用已经对经济、文化教育与科学的发展产生了重要的影响，同时也不可避免地带来了一些新的社会、道德、政治与法律问题。大量的商业活动与大笔资金正在通过计算机网络在世界各地快速地流通，这已经对世界经济的发展产生了重要、积极的影响，同时也面临着严峻的挑战。国家网络安全工作要坚持网络安全为人民、网络安全靠人民，保障个人信息安全，维护公民在网络空间的合法权益。

网络为科学研究人员、学生、公司职员提供了很多宝贵的信息，使得人们可以不受地理位置与时间的限制，相互交换信息、合作研究、学习新的知识，了解各国科学和文化发展。由于网络将以往彼此独立的计算机系统连接在一起，网络所起的作用越来越大，但与此同时，一旦出现安全问题，所产生的副作用也越来越大，这些安全问题包括主观和客观两个方面，必须引起足够的重视。

网络安全涉及的内容主要包括以下几个方面：

1. 外部环境安全

外部环境安全是整个网络系统安全的前提，可能发生的问题主要有：

① 地震、水灾、火灾等环境事故。

② 电源故障。

③ 人为操作失误或错误。

④ 设备被盗、被毁。

⑤ 电磁干扰。

⑥ 线路被截获。

⑦ 机房环境及报警系统的设计缺陷引起的损害。

2. 网络连接安全

网络连接安全涉及网络拓扑结构、网络路由状况等的安全。

（1）与 Internet 连接面临的威胁。基于 Internet 的开放性及网络服务的复杂性，使得内部网络系统经常面临一些无法预测的风险。如果内部网络中一台机器的安全受损（如被侵入），就可能同时影响在同一网络上的许多其他机器，甚至可能涉及军事、金融等安全敏感领域。因此，网络管理人员对 Internet 安全事故做出有效反应变得十分重要，有必要将公开服务器同外网及内部网络进行必要的隔离，避免网络结构信息外泄；同时还要对外网的服务请求加以过滤，只允许正常通信的数据包到达相应主机，其他的请求服务在到达主机之前就应该遭到拒绝。

（2）整个网络结构和路由状况。安全系统的建设往往是建立在网络系统之上的，网络系统的成熟与否直接影响安全系统的建设。整个网络的动态路由是否安全、系统的冗余状况等将直接影响即将建成的安全系统。因此，在进行网络系统设计时，要注意对整个网络结构和路由进行优化。

3. 操作系统安全

目前，无论是 Microsoft 的 Windows NT 或者其他任何商用 UNIX 操作系统，都不能被认为是绝对安全的操作系统。

虽然没有绝对安全的操作系统，但是，系统的安全程度与系统的应用范围和严格管理有很大关系，一个工作组的打印服务器和一个机要部门的数据库服务器的选择标准显然是不能相同的，因此要正确评估自己的网络风险并根据自己的网络风险大小制订相应的安全解决方案。

不但要选用尽可能可靠的操作系统和硬件平台，而且必须加强登录过程的认证（特别是在到达服务器主机之前的认证），确保用户的合法性；其次应该严格限制登录者的操作权限，将其完成的操作限制在最小的范围内。

4. 应用系统安全

应用系统的安全跟具体的应用有关，它涉及很多方面。应用系统的安全是动态的、不断变化的。例如，以目前 Internet 上应用最为广泛的 E-mail 系统来说，其解决方案有 NetscapeMessagingServer、LotusNotes、ExchangeServer 等数十种，其安全手段多种多样，但其系统内部的错误和漏洞是很少有人能够发现的，并且，随着版本的不断更新，安全漏洞也是不断增加且隐藏越来越深，总会有人不断发现这些漏洞并加以利用，对网络安全造成威胁。因此，保证应用系统的安全是一个随网络发展不断完善的过程。

应用系统的安全还涉及信息、数据的安全性，机密信息泄露、未经授权的访问、破坏信息完整性、假冒及破坏系统的可用性等。信息、数据如果遭到破坏或攻击，将产生一定的经济、社会和政治影响。

因此，对于重要信息的通信必须授权，传输必须加密。必须采用多层次的访问控制与权限控制手段，实现对数据的安全保护，同时采用加密技术，保证网上传输的信息（包括管理员口令与账户、上传 WWW 信息等）的机密性与完整性。

5. 管理制度安全

管理制度建设是网络安全中最重要的部分。各网络使用机构、企业和单位应建立相应的信息安全管理办法，加强内部管理，建立审计和跟踪体系，提高整体信息安全意识。

6. 人为因素影响

（1）黑客攻击。黑客们的攻击行动是无时无刻不在进行的，而且会利用网络系统和管理上一切可能利用的漏洞，对网络安全和用户信息都会造成很大的威胁。

（2）恶意代码。恶意代码不限于病毒，还包括蠕虫、特洛伊木马、逻辑炸弹、其他未经同意的软件等，应该加强对恶意代码的检测。

7.1.2 网络管理的功能

随着网络在社会生活中的广泛应用，特别是在金融、商务、政府机关、军事、信息处理等方面的应用，支持各种信息系统的网络的地位也就变得越来越重要了。随着网络规模的不断扩大，网络结构也变得越来越复杂，用户对网络应用的需求不断提高，企业和用户对计算机网络的依赖程度也越来越高。在这种情况下，企业的管理者和用户对网络性能、运行状况以及安全性也越来越重视，因此网络管理已成为现代网络技术中最重要的问题之一。

一个有效而且实用的网络离不开网络管理。这里更多地从技术方面讨论网络管理。如果在网络系统设计中没有很好地考虑与解决网络管理问题，那么这个设计方案是有严重缺陷的，按这样的设计组建的网络应用系统是十分危险的。一旦因网络性能下降，甚至因故障而造成网络瘫痪，这对企业将会造成严重的损失，这种损失有可能远远大于在网络组建时，用于网络软、硬件与系统的投资，因此，必须十分重视网络管理技术的研究与应用。

1. 网络管理

所谓网络管理，是指用软件手段对网络上的通信设备及传输系统进行有效的监视、控制、诊断和测试所采用的技术和方法。网络管理涉及以下三个方面：

（1）网络服务提供：是指向用户提供新的服务类型、增加网络设备、提高网络性能。

（2）网络维护：是指网络性能监控、故障报警、故障诊断、故障隔离与恢复。

（3）网络处理：是指网络线路及设备利用率，数据的采集、分析，以及提高网络利用率的各种控制。

2. 网络管理系统

一个网络管理系统从逻辑上可以分为以下三个部分：

（1）管理对象：是经过抽象的网络元素，对应于网络中具体可以操作的数据，例如，记录网络设备工作状态的状态变量、网络设备内部的工作参数、网络性能的统计参数。被管理的网络设备包括交换机、网关、路由器、网桥、通信线路、网卡、服务器以及工作站等。

（2）管理进程：是负责对网络设备进行全面的管理与控制的软件。它根据网络中各个管理对象状态的变化，来决定对不同的管理对象应该采取什么样的操作，例如，调整网络设备的工作参数、控制网络设备的工作状态等。管理信息库是管理进程的一个部分，用于记录网络中被管理对象的状态参数值。

（3）管理协议：负责在管理系统与被管理对象之间传递操作命令，负责解释管理操作命令。管理协议保证了管理信息库中的数据与具体网络设备中实际状态、工作参数的一致性。

3. OSI 管理功能域

网络管理标准化是要满足不同网络管理系统之间互操作的需求。为了支持各种网络的互联管理的要求，网络管理需要有一个国际性的标准。OSI 网络管理标准将开放系统的网络管理功能划分成 5 个功能域，这 5 个功能域分别用来完成不同的网络管理功能。

（1）配置管理：网络配置是指网络中每个设备的功能、相互间的连接关系和工作参数，它反映了网络的状态。网络是经常变化的，经常需要调整网络的配置。对网络配置的改变可能是临时性的，也可能是永久性的，网络管理系统必须有足够的手段来支持这些改变，配置管理就是用来识别、定义、初始化、控制与检测通信网中的管理对象。

网络中的配置管理功能域需要监视与控制的主要内容有：网络资源及其活动状态；网络资源之间的关系；新资源的引入与旧资源的删除。

在 OSI 网络管理标准中，配置管理部分可以说是最基本的内容。配置管理是网络中对管理对象的变化进行动态管理的核心。当配置管理软件接到网管操作员或其他管理功能设施配置变更请求时，配置管理服务首先确定管理对象的当前状态并给出变更合法的确认，然后对管理对象进行变更操作，最后要验证变更确实已经完成。

（2）故障管理：故障管理是用来维持网络的正常运行的。故障管理包括及时发现网络中发生的故障，找出网络故障产生的原因，必要时启动控制功能来排除故障。控制活动包括诊断测试活动、故障修复或恢复活动、启动备用设备等。故障管理的目的是保证网络能够提供连续、可靠的服务。

（3）性能管理：性能管理功能是持续地评测网络运行中的主要性能指标，以检验网络服务是否达到了预定的水平，找出已经发生或潜在的瓶颈，报告网络性能的变化趋势，为网络管理决策提供依据。典型的网络性能管理可以分为两部分：性能监测和网络控制。性能监测指网络工作状态信息的收集和整理；网络控制则是为改善网络设备的性能而采取的动作和措施。

（4）安全管理：安全管理功能用来保护网络资源的安全。安全管理活动能够利用各种层次的安全防卫机制，使非法入侵事件尽可能少发生；能够快速检测未授权的资源使用，并查出侵入点，对非法活动进行审查与追踪；能够使网络管理人员恢复部分受损的文件。

安全管理中一般要设置一些权限，制订判断非法入侵的条件以及检查非法操作规则。非法入侵活动包括无特权的用户企图修改其他用户定义的文件，修改硬件或软件配置，修改访问优先权，关闭正在工作的用户，企图访问敏感数据等。收集有关数据并生成报告，由网络管理中心的安全事务处理进程进行分析、记录、存档，并根据情况采取相应的措施，例如，给入侵用户以警告信息、取消其使用网络的权利等。无论是积极或消极行动，均要将非法入侵事件记录在安全日志中。

（5）记账管理：对于公用分组交换网与各种信息服务系统来说，用户必须为使用网络的服务而交费，网络管理系统则需要对用户使用网络资源的情况进行记录并核算费用。

在大多数企业内部网中，内部用户使用网络资源并不需要交费，但是记账功能可以用来记录用户网络的使用时间、统计网络的利用率与资源使用等内容，因此，记账管理功能在企业内部网中也是非常有用的。

7.1.3 与网络安全与管理相关的法律法规

近年来，随着计算机的应用和互联网的普及和发展，计算机和网络系统出现的事故和违法犯罪行为逐渐增加，其中包括系统建设过程中的违法、运行管理过程中的违法、使用者的违法等。例如，涉及网络诈骗的案件越来越多，与传统诈骗犯罪不同的是，互联网上的诈骗行为具有更大的危害性，受害人范围更广，对此类案件的查处也比传统案件复杂和困难得多。网上诈骗的手法是多种多样的，例如，网上假拍卖，利用网络服务契约和信用卡诈骗，以提供免费网页、进行多层直销、提供上学机会和投资及买保健产品为名义诈取钱财，骗取长途电话费等。

为保证计算机和网络系统的安全，保证人民财产和国家利益不受损害，我国制定了一系列法律、法规。

《中华人民共和国电子签名法》由中华人民共和国第十届全国人民代表大会常务委员会第十一次会议于 2004 年 8 月 28 日通过，自 2005 年 4 月 1 日起施行。当前版本为 2015 年 4 月 24 日第十二届全国人民代表大会常务委员会第十四次会议修正。

2012 年 12 月 28 日，十一届全国人大常委会第三十次会议表决通过了《关于加强网络信息保护的决定》，它是对公民隐私权等权利进行保护的法律，它的核心内容和立法宗旨是建立公民个人电子信息保护制度。全文共十二条，用简明扼要的语言界定了公民个人电子信息的范围、公民个人电子信息保护的义务主体、网络服务提供者和其他企事业单位在业务活动中收集、使用、保存公民个人电子信息应当遵循的原则；提出禁止未经接受者同意或请求，向其固定电话、移动电话或个人电子邮箱发送商业性电子信息；规定了公民个人可以采取的救济手段以及违反规定的法律后果。

《中华人民共和国网络安全法》是为保障网络安全，维护网络空间主权和国家安全、社会公共利益，保护公民、法人和其他组织的合法权益，促进经济社会信息化健康发展制定。由全国人民代表大会常务委员会于2016年11月7日发布，自2017年6月1日起施行。《中华人民共和国网络安全法》是我国第一部全面规范网络空间安全管理方面问题的基础性法律，是我国网络空间法治建设的重要里程碑，是依法治网、化解网络风险的法律重器，是让互联网在法治轨道上健康运行的重要保障。《中华人民共和国网络安全法》确立了网络空间主权原则、网络安全与信息化发展并重原则和网络安全共同治理原则。网络空间主权是一国国家主权在网络空间中的自然延伸和表现，《中华人民共和国网络安全法》明确规定要维护我国网络空间主权。国家坚持网络安全与信息化并重，遵循积极利用、科学发展、依法管理、确保安全的方针，既要推进网络基础设施建设，鼓励网络技术创新和应用，又要建立健全网络安全保障体系，提高网络安全保护能力。网络空间安全需要政府、企业、社会组织、技术社群和公民等网络利益相关者的共同参与，据各自的角色参与网络安全治理工作。《中华人民共和国网络安全法》对网络运营者等主体的法律义务和责任做了全面规定，包括守法义务，遵守社会公德、商业道德义务，诚实信用义务，网络安全保护义务，接受监督义务，承担社会责任等，并在"网络运行安全"、"网络信息安全"、"监测预警与应急处置"等章节中进一步明确、细化。在"法律责任"中则提高了违法行为的处罚标准，加大了处罚力度。

"《中华人民共和国密码法》由中华人民共和国第十三届全国人民代表大会常务委员会第十四次会议于2019年10月26日通过，自2020年1月1日起施行。《中华人民共和国密码法》旨在通过立法提升密码管理科学化、规范化、法治化水平，促进我国密码事业的稳步健康发展。

《中华人民共和国数据安全法》由中华人民共和国第十三届全国人民代表大会常务委员会第二十九次会议于2021年6月10日通过，自2021年9月1日起施行。《中华人民共和国数据安全法》核心内容包括：确立数据分级分类管理以及风险评估，检测预警和应急处置等数据安全管理各项基本制度；明确开展数据活动的组织、个人的数据安全保护义务，落实数据安全保护责任；坚持安全与发展并重，锁定支持促进数据安全与发展的措施；建立保障政务数据安全和推动政务数据开放的制度措施。"

国务院也先后发布了一系列法规，主要包括：

国务院 1994 年 2 月 18 日发布、2011 年 1 月 8 日修订的《中华人民共和国计算机信息系统安全保护条例》。

1996 年 2 月 1 日发布、1997 年 5 月 20 日修订的《中华人民共和国计算机信息网络国际联网管理暂行规定》。

1997 年 12 月 11 日国务院批准、1997 年 12 月 30 日公安部发布、2011 年 1 月 8 日修订的《计算机信息网络国际联网安全保护管理办法》。

国务院 2000 年 9 月 25 日发布、2016 年 2 月 6 日第二次修订的《中华人民共和国电信条例》。

国务院 2000 年 9 月 25 日发布、2011 年 1 月 8 日修订的《互联网信息服务管理办法》。

国务院 2001 年 12 月 20 日发布、2013 年 1 月 30 日第二次修订的《计算机软件保护条例》。

国务院 2002 年 9 月 29 日发布、2016 年 2 月 6 日第二次修订的《互联网上网服务营业场所管理条例》。

国务院 2006 年 5 月 18 日发布、2013 年 1 月 30 日修订的《信息网络传播权保护条例》。

国务院各主管部门也公布了一系列规章和规范，规章文件主要包括《互联网域名管理办法》、《互联网新闻信息服务管理规定》、《电信和互联网用户个人信息保护规定》、《规范互联网信息服务市场秩序若干规定》、《互联网文化管理暂行规定》、《互联网视听节目服务管理规定》、《互联网等信息网络传播视听节目管理办法》等，规范性文件包括《微博客信息服务管理规定》、《互联网新闻信息服务单位内容管理从业人员管理办法》、《互联网新闻信息服务新技术新应用安全评估管理规定》、《互联网群组信息服务管理规定》、《互联网用户公众账号信息服务管理规定》、《互联网跟帖评论服务管理规定》、《互联网论坛社区服务管理规定》、《互联网直播服务管理规定》、《移动互联网应用程序信息服务管理规定》、《互联网用户账号名称管理规定》、《互联网信息搜索服务管理规定》、《即时通信工具公众信息服务发展管理暂行规定》等。

7.2　网络资源管理的方法

7.2.1　网络资源的表示

网络环境下资源的表示是网络管理的一个关键问题。在网络管理协议中采用面向对象的概念来描述被管网络元素的属性。所谓对象就是被管网络元素的描述表示法。在完成网络安全策略制订的过程中，首先要对所有网络资源从安全性的角度去定义它所存在的风险，网络资源主要包括：

（1）硬件：个人计算机、外部设备、通信介质、网络设备等。

（2）软件：操作系统、通信程序、诊断程序、应用程序与网管软件。

（3）数据：在线存储的数据、离线文档、执行过程中的数据、在网络中传输的数据、备份数据、数据库、用户登录数据。

（4）用户：普通网络用户、网络操作员、网络管理员。

（5）支持设备：磁带机与磁带、光驱与光盘。

7.2.2　网络管理的目的和方法

网络管理可以分为广义和狭义两个层面。广义的管理内容涉及网络安全的方方面面，既包括技术方面，也包括制度、政策、法律、措施等方面。狭义的网络管理是指从技术角度出发，了解网络系统的运行状况并加以监控、优化。

下面着重从技术角度探讨网络管理的目的和方法。

1. 网络管理的目的

为满足用户解决网络性能下降和改善网络瓶颈的需要，根据用户网络应用的实际情况，为用户设计并实施检测方案，从不同的角度做出分析，最终定位问题和故障点，并提供资源优化和系统规划的建议。

2. 网络管理的使命

（1）发现问题。监测工程师使用监测工具交互地观察单个受影响的工作站、服务器及网段，基于大量信息进行问题根源的分析，确定问题扩散的原因、受影响的服务器和用户以及性能受损是否有共性。

（2）解决问题。当网络出现故障的时候，面对庞大的监测数据库，应结合用户网段的实际情况，在大量的监测数据中察觉问题之所在。监测系统可以定位到设备和节点，同时根据流量和响应时间，可以判断出问题原因。经验在此时此刻起到了决定性的作用。日常监测服务基于对每一时刻的监测数据的收集，对比长期历史数据进行分析，发现潜在的性能隐患；分析并判断用户网络应用的未来发展趋势，确保用户网络系统始终保持高性能的稳定运行。

（3）常规监视。主要内容包括：

得知网络中有哪些客户机在什么时候访问过哪些服务器的何种应用服务，通过监视网络上的行为，可以发现异常情况。

分析网段上的数据流，自动发现使用的协议、网络应用和网络设备。

客观地把握网络的详细情况。例如，掌握网络中流动的是什么信息；哪些应用占了太多的带宽；网络速度缓慢的原因是什么；网络瓶颈在什么地方等重要信息。

收集当前网络环境中的数据传输情况和响应时间。

得知每个服务器或每种应用在一段时间内的流量和响应时间。通过监视关键应用的响应时间，可以采取措施，预防应用性能的下降甚至崩溃。

能够从报告、图形和图表中得到业务中关键事务的多种指标，用户自己在任何地方可以通过上网的方式浏览自己网络状况的详细信息；把握网络应用的总体运行情况。

定期提供网络性能分析报告，内容包含网络应用情况评估、网络趋势分析、网络结构规划和性能优化建议。

7.3　网络管理协议

网络管理协议是代理和网络管理软件交换信息的方式，它定义使用什么传输机制、代理上存在何种信息以及信息格式的编排方式。

7.3.1　SNMP 协议

SNMP 是 "Simple Network Management Protocol" 的缩写，中文含义是 "简单网络管理协议"，是 TCP/IP 协议簇的一个应用层协议，它是随着 TCP/IP 协议的发展而发展起来的。

在 TCP/IP 协议发展的前期，由于规模和范围有限，网络管理的问题并未得到重视。直到 20 世纪 70 年代，仍然没有正式的网络管理协议，当时常用的一个管理工具就是 Internet 控制报文协议（Internet Control Message Protocol，ICMP）。ICMP 通过在网络实体间交换 echo 和 echo-reply 的报文对，测试网络设备的可达性和通信线路的性能。然而随着 Internet 的飞速发展，连接到 Internet 上的组织和实体数目也越来越多。这些各自独立的实体主观和客观上都要求能够独立地履行各自的子网管理职责，因此要求一种更加强大的标准化的网络管理协议来实现对 Internet 的网络管理。

20 世纪 80 年代末，Internet 体系结构委员会采纳 SNMP 作为一个短期的网络管理解决方案；由于 SNMP 的简单性，在 Internet 时代得到了蓬勃的发展，1992 年发布了 SNMP v2 版本，以增强 SNMP v1 的安全性和功能。

SNMP 作为一种网络管理协议，它使网络设备彼此之间可以交换管理信息，使网络管理员能够管理网络的性能，定位和解决网络故障，进行网络规划。

SNMP 的网络管理模型由三个关键元素组成：

（1）被管理的设备（网元）：网元是这样的网络节点，它包括一个 SNMP 代理并且驻留在一个被管理网络中。它可以是路由器、接入服务器、交换机、网桥、Hub、主机、打印机等网络设备。网元负责收集和存储管理信息，并使这些信息对于使用 SNMP 的网络管理系统（NMS）是可用的。

（2）代理（Agent）：代理是一个网络管理软件模块，它驻留在一个网元中，它掌握本地的网络管理信息，并将此信息转换为 SNMP 兼容的形式，在 NMS 发出请求时做出响应。

（3）网络管理系统（Network Management System，NMS）：NMS 监控和管理网元，提供网络管理所需的处理和存储资源。

管理信息库（Management Information Base，MIB）是一个存放管理元素信息的数据库。它管理信息的有层次的集合，由管理对象组成，并由对象标识符进行标识。管理网中的每一个被管网元都应该包括一个 MIB，NMS 通过代理读取或设置 MIB 中的变量值，从而实现对网络资源的监视和控制。

SNMP 管理工具的典型代表有 HP 公司的 OpenView Network Node Manager（NNM）、Cisco 公司的 Cisco Works 2000 以及 Nortel Networks 公司的 Optivity 等。这些 SNMP 管理工具能自动检知网络上的设备，并能对所检知的网络设备进行逻辑组态管理，还能进行设备级的故障监视。Cisco Works 2000 系列还能管理 VLAN、ATM LAN Emulation 和 VoIP 等网络。

7.3.2　RMON

远程监控（Remote Monitoring，RMON）是关于通信量管理的标准化规定，RMON 的目的就是要测定、收集网络的性能，为网络管理员提供复杂的网络错误诊断和性能调整信息。

由 RMON 构成的通信量观测和 SNMP 一样，也是由管理程序和代理程序构成。但是，在 LAN 网络设备中，对应 RMON 的产品较少。因此，一般是将观测通信量的专用装置即所谓的探测器接到网段上来进行检测。

RMON 最大的用武之地通常是观测网络的关键点，包括 LAN 主干网中通信量集中的地方和发生了问题的地方等。在这些地方，通常利用 RMON 的报警功能，当超过了通信量的阈值时，给 RMON 管理程序发出警告。

一般来说，当网络用户明显地感到网络变慢了，特别是感到 WWW 速度显著变慢时，为了用 RMON 解决这类问题，就必须增加观测点，对大量的数据进行分析。例如，从用户到 Internet 的出口必须收集、解析各种各样的数据，包括路由器的利用率和错误数目、WAN 传输线带宽的利用率、代理服务器和防火墙的收发包个数以及 CPU 的利用率等。

7.4　网络病毒的防范

随着大规模企业内部网络的应用以及国际互联网的广泛普及，企业和个人对网络的安全性越来越感到担忧。尽管网络间谍、黑客攻击等安全性问题已有很多报道，但事实上大多数安全性问题的产生都是由广为传播的计算机病毒造成的，计算机网络和通信技术的每一次进步都为病毒传播提供了新的途径。

7.4.1　网络与病毒

传统计算机病毒的传播途径只有磁介质，据统计，当时 50% 以上的病毒是通过软盘进入计算机系统的。然而国际互联网开拓性的发展，信息与资源共享手段的进一步提高，也为计算机病毒的传染带来新的途径，其使用上的简易性和开放性使得这种威胁越来越严重，病毒已经能够通过网络的新手段攻击以前无法接近的系统。互联网已经成为病毒传播最大的来源，电子邮件和文件下载为病毒传播打开了高速的通道。企业网络化的发展也使病毒的传播速度大大提高，感染的范围越来越广。可以说，网络化带来了病毒传染的高效率，从而加重了病毒的威胁。

传统的病毒主要攻击单机，而像"红色代码"和"尼姆达"等网络病毒则会造成网络拥堵甚至瘫痪，直接危害到网络系统；另外被病毒感染的系统容易造成泄密，这些可能会超过病毒本身的危害。

因此，网络病毒的防范成为网络安全的一个重要内容。

7.4.2　网络病毒的防范

基于网络的多层次的病毒防护策略是保障信息安全、保证网络安全运行的重要手段。从网络系统的各组成环节来看，多层防御的网络防毒体系应该由用户桌面、服务器、Internet 网关和防火墙组成。

桌面系统和远程控制的计算机是主要的病毒感染源，因此面向桌面系统和工作站的病毒检测和清除是保证系统运行和用户工作的必要条件，工作站的防毒系统应该能很好地融合于整个计算机系统，便于统一更新和自动运行。

群件和电子邮件是网络中重要的通信联络线。群件的核心是在网络内共享文档，一个被病毒感染的文档很容易经由网络内的共享文件而迅速地传播，因此对 Lotus Notes/Domino 和 Microsoft Exchange 服务器的保护是非常必要的，不论是"爱虫"还是"Sircam"病毒，它们之所以能够快速传播，主要依赖的是电子邮件通信，这也是当今病毒扩散的最主要方式。因此，对付以 Internet 为载体的病毒的一个有效办法就是，在 Internet 网关安装病毒扫描器，保护企业网络不受电子邮件传播病毒的威胁。

为防火墙设计的病毒扫描器能扫描多种 Internet 数据流，它们不仅可以扫描电子邮件、Internet 文件和 Web 通信中包括压缩文件在内的敌对代码，同时保护文件免受恶意的 Java、ActiveX 或者 JavaScript 代码的攻击。在网关和防火墙处检查病毒，需要扫描所有接收到的数据帧，将它们重组起来并临时存放，以便进行病毒扫描。

先进的多层病毒防护策略具有三个特点：

1. 层次性

在用户桌面、服务器、Internet 网关以及防火墙安装适当的防毒部件，以网为本、多层次地最大限度地发挥作用。

2. 集成性

所有的保护措施是统一的和相互配合的，支持远程集中式配置和管理。

3. 自动化

系统能自动更新病毒特征码数据库和其他相关信息。

目前，单机版的防杀病毒软件非常多，网络版的防杀病毒软件品种也在不断增加，网络版的特点在于它由服务器端和节点端两部分组成，既能监控、消灭单机病毒，也能够在网络上阻断病毒的蔓延。

7.5 网络黑客入侵的防范

7.5.1 关于黑客

计算机犯罪正在引起社会的普遍关注，而计算机网络是被攻击的重点。计算机犯罪是一种高技术型犯罪，由于犯罪的隐蔽性，因此对计算机网络安全构成了很大的威胁。在 Internet 上，黑客攻击事件屡屡发生，美国国防部的计算机系统曾经受到非法闯入者的攻击，美国金融界也因黑客攻击每年损失巨大。因此，黑客问题引起了人们的普遍重视。

黑客（Hacker），常常在未经许可的情况下通过技术手段登录到他人的网络服务器甚至是连接在网络上的单机，并对网络进行一些未经授权的操作。黑客会给网络的使用制造许多麻烦，因此更需要利用专业技术来保护网络。

7.5.2 攻击手段

一般认为，目前对网络的攻击手段主要表现在：

1. 非授权访问

没有预先经过同意，就使用网络或计算机资源被看作非授权访问，如有意避开系统访问控制机制，对网络设备及资源进行非正常使用，或擅自扩大权限、越权访问信息。它主要有以下几种形式：假冒、身份攻击、非法用户进入网络系统进行违法操作，合法用户以未授权方式进行操作等。

2. 信息泄露或丢失

指敏感数据在有意或无意中被泄露出去或丢失，它通常包括：信息在传输中丢失或泄露，如黑客利用电磁泄漏或搭线窃听等方式可截获机密信息；通过对信息流向、流量、通信频度和长度等参数的分析，推出有用的信息，如用户口令、账号等；信息在存储介质中丢失或泄露，通过建立隐蔽隧道等窃取敏感信息。

3. 破坏数据完整性

以非法手段窃得对数据的使用权，删除、修改、插入或重发某些重要信息，以取得有益于攻击者的响应；恶意添加、修改数据，以干扰用户的正常使用。

4. 拒绝服务攻击

它不断对网络服务系统进行干扰，改变其正常的作业流程，执行无关程序使系统响应减慢甚至瘫痪，影响正常用户的使用，甚至使合法用户被排斥而不能进入计算机网络系统或不能得到相应的服务。

5. 利用网络传播病毒

通过网络传播计算机病毒，其破坏性大大高于单机系统，而且用户很难防范。

7.5.3 防范手段

防范黑客入侵不仅仅是技术问题，关键是要制订严密、完整而又行之有效的安全策略。安全策略是指在一个特定的环境里，为保证提供一定级别的安全保护所必须遵守的规则，它包括三个方面的手段：

1. 法律手段

安全的基石是社会法律、法规，即通过建立与信息安全相关的法律、法规，使非法分子慑于法律，不敢轻举妄动。

2. 技术手段

先进的安全技术是信息安全的根本保障，用户对自身面临的威胁进行风险评估，决定其需要的安全服务种类，选择相应的安全机制，然后集成先进的安全技术（几种常用的防火墙技术在 7.6 节讲述）。针对网络、操作系统、应用系统、数据库、信息共享授权等提出具体的安全保护措施。

3. 管理手段

各网络使用机构、企业或单位应建立相应的信息安全管理办法，加强内部管理，建立审计和跟踪体系，提高整体信息安全意识。安全系统需要人来实现，即使是最好的、最值得信赖的系统安全措施，也不能由计算机系统来完全承担安全保证任务，因此必须建立完备的安全组织和管理制度。

7.6 防火墙

7.6.1 防火墙的概念

如果一个国家失去了边界的控制，那么它的国民也就失去了保护和安全感，这个道理也同样适用于网络。如果网络的访问失去了控制，存储于其中的数据的安全性和隐私权也就无从谈起了，更不要谈防御黑客的攻击了。

随着 Internet 的飞速发展，大批的专用网与 Internet 连接，它一方面方便了资源的使用，另一方面也为黑客攻击这些网提供了途径。在 Internet 出现以前，黑客们广泛使用的手段是通过公用电话网，利用调制解调器拨号上网，这种远程访问方式所带来的安全问题是很容易解决的。Internet 出现以后，通过 Internet，网络之间都是可以相互通信的，Internet 上不存在一个中心机构或中心设备来管理整个网络的安全。

防火墙（Firewall）是设置在被保护网络和外部网络之间的一道屏障，以防止发生不可预测的、潜在破坏性的侵入。通过在专用网和 Internet 之间设置防火墙来监视所有出入专用网的信息流，它可通过监测、限制、更改跨越防火墙的数据流，决定哪些是可以通过的，哪些是不可以的，并尽可能地对外部屏蔽网络内部的信息、结构和运行状况，以此来实现网络的安全保护。

在逻辑上，防火墙是一个分离器，一个限制器，也是一个分析器，它有效地监控了内部网络和 Internet 之间的任何活动，保证了内部网络的安全。

防火墙能有效地防止外来的入侵，它在网络系统中的作用是：

（1）控制进出网络的信息流向和数据包。

（2）提供使用和流量的日志和审计。

（3）隐藏内部 IP 地址及网络结构的细节。

（4）提供 VPN 功能。

7.6.2 防火墙的技术

防火墙总体上分为数据包过滤、应用级网关、代理服务器和状态检测技术等几大类型。

1. 数据包过滤

数据包过滤（Packet Filtering）技术是在网络层对数据包进行选择，选择的依据是系统内设置的过滤逻辑，被称为访问控制表（Access Control Table）。通过检查数据流中每个数据包的源地址、目的地址、所用的端口号、协议状态等因素，或它们的组合来确定是否允许该数据包通过。数据包过滤防火墙逻辑简单、价格便宜，易于安装和使用，网络性能和透明性好，它通常安装在路由器上。路由器是内部网络与 Internet 连接必不可少的设备，因此在原有网络上增加这样的防火墙几乎不需要任何额外的费用。

数据包过滤防火墙的缺点有：一是非法访问一旦突破防火墙，即可对主机上的软件和配置漏洞进行攻击；二是数据包的源地址、目的地址以及 IP 的端口号都在数据包的头部，很有可能被窃听或假冒。

2. 应用级网关

应用级网关（Application Level Gateways）是在网络应用层上建立协议过滤和转发功能。它针对特定的网络应用服务协议使用指定的数据过滤逻辑，并在过滤的同时，对数据包进行必要的分析、登记和统计，形成报告。实际中的应用级网关通常安装在专用工作站系统上。

数据包过滤和应用级网关防火墙有一个共同的特点，就是它们仅仅依靠特定的逻辑判断是否允许数据包通过。一旦满足逻辑，则防火墙内外的计算机系统建立直接联系，防火墙外部的用户便有可能直接了解防火墙内部的网络结构和运行状态，这有利于实施非法访问和攻击。

3. 代理服务器

代理服务器（Proxy Service）也称链路级网关或 TCP 通道（Circuit Level Gateways or TCP Tunnels），也有人将它归于应用级网关一类。它是针对数据包过滤和应用级网关技术存在的缺点而引入的防火墙技术，其特点是将所有跨越防火墙的网络通信链路分为两段。外部计算机的网络链路只能到达代理服务器，从而起到了隔离防火墙内外计算机系统的作用。此外，代理服务器也对过往的数据包进行分析、注册登记，形成报告，同时当发现被攻击迹象时会向网络管理员发出警报，并保留攻击痕迹。

4. 状态检测技术

状态检测技术也称动态包过滤技术。传统的包过滤防火墙只是通过检测 IP 包头的相关信息来决定数据流是通过还是拒绝，而状态检测技术采用的是一种基于连接的状态检测机制，将属于同一连接的所有包作为一个整体的数据流看待，构成连接状态表，通过规则表与状态表的共同配合，对表中的各个连接状态因素加以识别，判断其是否属于合法连接，从而实现动态过滤。状态检测防火墙基本保持了包过滤防火墙的优点，摒弃了包过滤防火墙仅仅考察进出网络的数据包而不关心数据包状态的缺点，在防火墙的核心部分建立状态连接表，维护了连接，将进出网络的数据当成一个个的事件来处理。因此，与传统包过滤防火墙的静态过滤规则表相比，它具有更好的灵活性和安全性。

7.6.3 设置防火墙的要素

1. 网络策略

影响防火墙系统设计、安装和使用的网络策略可分为两级，高级的网络策略定义允许和禁止的服务以及如何使用服务，低级的网络策略描述防火墙如何限制和过滤在高级策略中定义的服务。

2. 服务访问策略

服务访问策略集中在 Internet 访问服务以及外部网络访问（如拨入策略、SLIP/PPP 连接等）。服务访问策略必须是可行的和合理的。可行的策略必须在阻止已知的网络风险和提供用户服务之间获得平衡。典型的服务访问策略是：允许通过增强认证的用户在必要的情况下从 Internet 访问某些内部主机和服务；允许内部用户访问指定的 Internet 主机和服务。

3. 防火墙设计策略

防火墙设计策略基于特定的防火墙，定义完成服务访问策略的规则。通常有两种基本的设计策略：允许任何服务除非被明确禁止；禁止任何服务除非被明确允许。第一种的特点是好用但不安全，第二种是安全但不好用，通常采用第二种类型的设计策略。

4. 增强的认证

许多在 Internet 上发生的入侵事件源于脆弱的传统用户/口令机制。多年来，用户被告知使用难于猜测和破译的口令，虽然如此，攻击者仍然在 Internet 上监视传输的口令明文，使传统的口令机制形同虚设。增强的认证机制包含智能卡、认证令牌、生理特征（指纹）以及基于软件（RSA）等技术，以克服传统口令的弱点。虽然存在多种认证技术，它们均使用增强的认证机制产生难以被攻击者重用的口令和密钥。目前许多流行的增强机制使用一次有效的口令和密钥（如 SmartCard 和认证令牌）。

7.6.4 防火墙的分类

防火墙有很多种分类方法：根据采用的核心技术，根据应用对象的不同，或者根据实现方法的不同。

每种分类方法都各有特点，例如，根据具体实现方法，防火墙可以分为三种类型：

（1）软件防火墙：防火墙运行于特定的计算机上，一般来说，这台计算机就是整个网络的网关。软件防火墙与其他的软件产品一样，需要先在计算机上安装并做好配置后方可使用。使用这类防火墙，需要网络管理人员对使用的操作系统平台比较熟悉。

（2）硬件防火墙：由计算机硬件、通用操作系统和防火墙软件组成。在定制的计算机硬件上，采用通用计算机系统、Flash 盘、网卡组成的硬件平台上运行 Linux、FreeBSD 和 Solaris 等经过最小化安全处理后的操作系统及集成的防火墙软件。其特点是开发成本低、性能实用，而且稳定性和扩展性较好。但是由于此类防火墙依赖操作系统内核，因此受到操作系统本身安全性的影响，处理速度较慢。

（3）专用防火墙：采用特别优化设计的硬件体系结构，使用专用的操作系统。此类防火墙在稳定性和传输性方面有着得天独厚的优势，速度快、处理能力强、性能高。由于采用专用操作系统，因而容易配置和管理，本身漏洞也比较少，但是扩展能力有限，价格也较高。

根据防火墙采用的核心技术，防火墙可分为包过滤型和应用代理型两大类。

根据防火墙的结构，防火墙可分为单一主机防火墙、路由器集成式防火墙和分布式防火墙三种。

如果根据防火墙的应用部署位置，可以分为边界防火墙、个人防火墙和混合防火墙三大类。其中个人防火墙安装于单台主机中，防护的也只是单台主机。这类防火墙应用于广大的个人用户，通常为软件防火墙，价格最便宜（目前有许多免费的个人防火墙产品），性能也最差。

7.7 网络故障的诊断与排除

7.7.1 网络故障的诊断

一旦网络发生故障，就会给网络中用户的工作带来极大的不便。要想迅速地诊断并排除网络故障，首先要有一个明确的策略。当网络发生故障时，首先应重视故障重现并尽可能全面地收集故障信息，然后对故障现象进行分析，根据分析结果定位故障范围并对故障进行隔离，之后根据具体情况排除故障。

1. 重现故障

当网络出现故障后，如果可能，第一步应该是重现故障，这是获取故障信息的最好办法。

在重现故障的过程中回答下列问题将有助于收集故障信息：

● 每次操作都能使故障重现吗？

● 在多次操作中故障是偶然重现吗？

● 故障是在特定的操作环境下才重现吗？如，以不同的 ID 登录或从其他计算机上进行相同的操作时，故障还会重现吗？

重现故障时，应严格按照发现问题的用户操作步骤进行，也可请用户亲自演示，这是因为计算机功能可以用不同的方式实现。例如，在一个查询处理程序中可以用菜单存储文件，也可以用组合按键，或者单击工具栏中的按钮，这三种方法的结果是一样的。同样，在登录时，可以用命令行的方式登录，也可以从一个包含批处理文件的预备脚本登录，或者从客户软件提供的窗口中登录，等等。如果试图用不同于用户的操作重现故障，也许不能发现用户所描述的故障现象，而认为是用户人为所导致的错误，这就失去了一个排除该故障的有力线索。

为了能够可靠地重现一个故障，应仔细询问用户在发生故障之前做了什么操作。例如，用户描述正在浏览网页时网络突然中断了，这时应在他的计算机上重现这个故障。另外，还要查清在他的计算机上是否还运行着其他程序以及正在访问什么样的网站。

在试图重现故障时要注意判断重现故障操作可能带来的严重后果。在某些情况下，重现故障可能会使网络瘫痪、计算机上的数据丢失以及损坏设备。

2. 分析故障现象

收集了足够的故障信息后，就可以开始从以下几个方面对故障进行分析。

（1）检查物理连接。

物理连接是网络连接中可能存在的最直接的缺陷，但它很容易被发现和修复。物理连接包括：

- 从服务器或工作站到接口的连接。
- 从数据接口到信息插座模块的连接。
- 从信息插座模块到信息插头模块的连接。
- 从信息插头模块到物理设备的连接。
- 设备的物理安装（网卡、集线器、交换机、路由器）。

回答下面问题将有助于确认物理连接是否有故障：

- 设备打开了吗？
- 网卡安装正确吗？
- 设备的电缆线与网卡或墙座的连接有松动吗？
- 网线接头与网卡及集线器（或交换机）的连接正确吗？
- 集线器、交换机或路由器正确地连接到主干网吗？
- 所有的电缆线都是好的吗（有无老化和损坏）？
- 所有的接头都处在完好状态吗？

（2）检查逻辑连接。

如果物理连接中没有发现故障原因，就必须检查逻辑连接，包括软硬件的配置、设置、安装和权限。逻辑上的问题复杂一些，比物理问题更难以分离和解决。例如，一个用户说已有 3 个小时不能登录到网络，而检查物理连接后没有发现异常，并且用户说没做什么改动，这时就可能需要检查逻辑连接。某些与网络连接有关的基于软件的可能原因有：资源与网卡的配置冲突，某个网卡的配置不恰当，安装或配置客户软件不正确，安装或配置的网络协议或服务不正确。

回答下面问题有助于诊断逻辑连接错误：

- 出错信息是否表明发现了损坏的或找不到的文件、设备驱动程序？
- 出错信息表明是资源（如内存）不正常或不足吗？
- 最近操作系统中的配置、设备驱动程序改动过吗？最近添加、删除过应用程序吗？
- 故障只出现在一个设备还是多个相似的设备上？

（3）参考网络最近的变化。

参考网络最近的变化并不是一个独立的步骤，而是诊断和排除故障的过程中需要经常考虑并且相互关联的一个步骤。开始排错时，应该了解网络上最近有什么样的变动，包括添加新设备、修复已有设备、卸载已有设备、在已有设备上安装新元件、在网络上安装新服务或应用程序、设备移动、地址或协议改变、服务器连接设备或工作站上软件配置改变、工作组或用户改变等。

回答下面的问题有助于找出网络变动所导致的故障：

- 服务器、工作站或连接设备上的操作系统或配置改动过吗？
- 服务器、工作站或连接设备的位置移动过吗？
- 在服务器、工作站或连接设备上添加了新元件吗？
- 从服务器、工作站或连接设备移走了旧元件吗？
- 在服务器、工作站或连接设备上安装了新软件吗？
- 从服务器、工作站或连接设备上删除了旧软件吗？

3. 定位故障范围

在对故障现象进行分析之后，就可以根据分析结果来定位故障范围。也就是说，要限定故障的范围是否仅在特定的计算机、某一地区的机构或某一时间段中。例如，如果问题只影响某一网段内的用户，则可以推断出问题出在该网段的网线、配置、端口或网关等方面；如果问题只限于一个用户，只需关注一条网线、计算机软硬件的配置或用户个人。

回答下面的问题有助于定位故障范围：

- 有多少用户或工作组受到了影响？是一个用户或工作站、一个工作组、一个部门、一个组织地域还是整个组织？
- 什么时候出现的故障？
- 网络、服务器或工作站曾经正常工作过吗？
- 故障是在很长一段时间中有规律地出现吗？
- 故障是仅在一天、一周、一月中的特定时刻出现吗？

定位故障范围排除了其他的原因和对其他范围问题的关注，可以帮助区分是工作站（或用户）问题还是网络问题。如果故障只影响到机构中的一个部门或一个楼层，就需要检测该网段，包括它的交换机接口、网线以及为那些用户提供服务的计算机；如果故障影响到一个远程用户，则应检测广域网连接或路由器结构；如果故障影响到所有部门和所有位置的所有用户，这时应检查关键部件，如中心交换机和主干网连接。

4. 隔离故障

定位故障范围以后，还有一项非常重要的工作，就是隔离故障。这主要有以下 3 种情况：

（1）如果故障影响到整个网段，则应该通过减少可能的故障来源隔离故障。除两个节点外断开所有其他节点，如果这两个节点能正常通信，再增加其他节点。如这两个节点不能通信，就要对物理层的有关部分，如电缆的接头、电缆本身或与它们相连的集线器和网卡等进行检查。

（2）如果故障能被隔离至一个节点，可以更换网卡，使用其他好的网卡驱动程序（不能使用该节点现有的网络软件或配置文件），或是用一条新的电缆与网络相连。如果网络的连接没有问题，则检查是否只是某一个应用出现问题。使用相同的驱动器或文件系统运行其他的应用程序。

（3）如果只是一个用户出现使用问题，检查涉及该节点的网络安全系统。检查是否对网络的安全系统进行了改变以致影响该用户。是否删除了与该用户安全等级相同的其他用户？该用户是否被网络中的一个安全组所删除？是否某项应用被移到网络中的其他部分？是否改变了系统的注册方法或是改变了该用户的注册方法？比较该用户与其他执行相同任务的用户。

5. 排除故障

一旦确定了故障源，识别故障类型就比较容易了。

对于硬件故障来说，最方便的措施就是简单的更换，对损坏部分的维修可以推迟。故障排除的目的就是尽可能迅速地恢复网络的所有功能。

对于软件故障来说，解决办法是重新安装有问题的软件，删除可能有问题的文件并且确保拥有全部所需的文件。如果问题是单一用户的问题，通常最简单的方法是完整删除该用户，然后从头开始或重复步骤，使该用户重新获得原来没有问题的应用。

在故障排除以后还应请操作人员测试故障是否依然存在，这样可以确保整个故障是否都已排除。操作人员只需简单地按正常方法操作有关网络设备，同时快速地执行其他几种正常操作即可。

7.7.2　网络常用测试命令

1. IP 测试工具 ping

ping 是 Windows 98 以上操作系统中集成的一个 TCP/IP 协议测试工具，它只能在使用 TCP/IP 协议的网络中使用。

使用 ping 命令可以向计算机发送 ICMP（Internet 控制消息协议）数据包并监听回应数据包的返回，以检验与其他计算机的连接。对于每个发送的数据包，ping 命令最多等待 1 秒。ping 命令可以显示发送和接收数据包的数量，并对每个发送和接收的数据包进行比较，以检验其有效性。

此外，还可以使用 ping 命令来测试计算机名和 IP 地址。如果成功检验 IP 地址却不能检验计算机名，则说明名称解析有问题，要保证在本地 HOSTS 文件或 DNS 数据库中存在要查询的计算机名。

ping 命令使用的格式为：

ping 　［-参数 1］［-参数 2］［…］目的地址

其中"目的地址"是指被测试的计算机的 IP 地址或域名。可带的参数意义如表 7-1 所示。

表 7-1　ping 命令的参数

参数	意义
a	解析主机地址
f	使 ping 数据包的发送速度和从远程主机上返回的速度一样甚至更快，可以达到 100 次/秒
i TTL	同一数据包两次发送的时间间隔，单位为秒。它不能和-f 一起使用。TTL 用于标识一个数据包在它被抛弃前在网络中存在的最大时间
j host-list	经过有 host-list 指定的计算机列表的路由报文，中间网关可能分隔连续的计算机（松散的源路由）。它允许的最大 IP 地址数目为 9
k host-list	经过有 host-list 指定的计算机列表的路由报文，中间网关可能分隔连续的计算机（严格的源路由）。它允许的最大 IP 地址数目为 9
l size	所发送缓冲区的大小
n count	发出的测试包的个数，默认值为 4
r count	使 ping 命令可以记录用于发送数据包的正常路由表
s	标识要发送数据的字节数，默认是 56 B，再加上 8 B 的 ICMP 数据头，共 64 B ICMP 数据字节
t	继续执行 ping 命令直到用户发出中断
v TOSt	服务类型
w timeout	超时等待时间

ping 命令可以在"开始"→"运行"中执行，也可以在 MS-DOS 方式下执行。例如，当用户的计算机不能访问 Internet，首先要确认是否是本地局域网的故障。假定局域网的代理服务器 IP 地址为 202.168.0.1，可以使用"ping 202.168.0.1"命令查看本机是否和代理服务器联通。又如，测试本机的网卡是否正确安装的常用命令是"ping 127.0.0.1"。

ping 工具在 Internet 中也经常用来验证本地计算机和网络主机之间的路由是否存在。例如，发邮件时可以先 ping 对方服务器地址，假如收件方为 zhangsan@abc.com，可以先用 ping abc.com。如果没通，则对方将无法接收邮件。

2. 测试 TCP/IP 协议配置工具 ipconfig

使用 ipconfig 可以在运行 Windows 且启用了 DHCP 的客户机上查看和修改网络中的 TCP/IP 协议的有关配置，例如 IP 地址、子网掩码、网关等。ipconfig 对网络侦探非常有用，尤其是当使用 DHCP 服务时，可以检查、释放或续订客户机的租约。

ipconfig 的命令格式：

ipconfig［/参数 1］［/参数 2］［…］

若不带参数，可获得的信息有 IP 地址、子网掩码、默认网关。

ipconfig 命令的参数的作用可在 MS-DOS 提示符下用"ipconfig/？"来查看，常用的两个参数如下：

① all：如果使用该参数，执行 ipconfig 命令将显示与 TCP/IP 协议有关的所有细节，包括主机名、DNS 服务器、节点类型、是否启用 IP 路由、网卡的物理地址、主机的 IP 地址、子网掩码以及默认网关等。

② release 和 renew：这两个选项只能在向 DHCP 服务器租用 IP 地址的计算机上起作用。如果输入"ipconfig /release"，立即释放主机的当前 DHCP 配置。如果输入"ipconfig/renew"，则使用 DHCP 的计算机上的所有网卡都尽量连接到 DHCP 服务器，更新现有配置或者获得新配置。

3. 网络协议统计工具 netstat 和 nbtstat

● netstat

使用 netstat 命令可以显示与 IP、TCP、UDP 和 ICMP 协议相关的统计信息以及当前的连接情况（包括采用的协议类型、本地计算机与网络主机的 IP 地址以及它们之间的连接状态等），以得到非常详细的统计结果，有助于了解网络的整体使用情况。

netstat 命令的语法格式：

netstat［-参数 1］［-参数 2］［…］

主要参数意义如表 7-2 所示。

表 7-2　netstat 命令的参数

参数	意义
a	显示所有连接
r	显示本机路由表和活动连接
e	显示 Ethernet（以太网）统计信息
s	显示每个协议的统计信息。默认情况下这些协议包括 TCP、UDP 和 IP
n	以数字格式显示地址和端口信息（不能转换成名称）
p proto	显示特定协议的具体使用信息。proto 是特定协议的名称

● nbtstat

nbtstat 是解决 NetBIOS 名称解析问题的有用工具。可以使用 nbtstat 命令删除或更正预加载的项目。

nbtstat 命令的语法格式：

nbtstat ［-参数 1］［-参数 2］［…］

主要参数如表 7-3 所示。

表 7-3　nbtstat 命令的参数

参数	意义
a *RemoteName*	通过计算机名显示远程计算机的名称表格
A IP address	通过 IP 地址显示远程计算机的名称表格
c	显示 NetBIOS 名称缓存的内容、NetBIOS 名称表及其解析的各个地址
n	显示由服务器或重定向器之类的程序在系统上本地注册的名称
R	清除 NetBIOS 名称缓存的内容，然后重新加载
s	列出当前的 NetBIOS 会话及其状态（包括统计）

4. 跟踪工具 tracert 和 pathping

● tracert

tracert 命令用来显示数据包到达目标主机所经过的路径，并显示到达每个节点的时间。命令功能同 ping 类似，但它所获得的信息要比 ping 命令详细得多，它把数据包传输过程中的全部路径、节点的 IP 以及花费的时间都显示出来。该命令比较适用于大型网络，tracert 命令的语法格式：

tracert ［-参数 1］［-参数 2］［…］目的主机名

主要参数意义如表 7-4 所示。

表 7-4　tracert 命令的参数

参数	意义
d	指定不将 IP 地址解析成主机名称
h *maximum_hops*	指定跃点数，以跟踪到目的主机名的主机路由
j *host-list*	指定 tracert 实用程序数据包所采用路径中的路由器接口列表
w *timeout*	等待每次回复的超时时间（以 ms 为单位）

● pathping

pathping 命令是一个路由跟踪工具，它将 ping 和 tracert 命令的功能和这两个工具所不提供的其他信息结合起来。pathping 命令在一段时间内将多个回响请求报文发送到源和目标之间的各个路由器，然后根据各个路由器返回的数据包计算结果。由于该命令显示数据包在任何给定路由器或链接上丢失的程度，因此可以很容易地确定可能导致网络问题的路由器或链接。

pathping 命令的语法格式：

pathping ［-参数 1］［-参数 2］［…］目的主机名

主要参数意义如表 7-5 所示。

表 7-5　pathping 命令的参数

参数	意义
g *Host-list*	沿着路由列表释放源路由
h *Maximum hops*	搜索目标的最大跃点数
n *Hostnames*	阻止将地址解析成主机名
p *Period*	指定两个连续的 ping 之间的时间间隔（以 ms 为单位）
q *Num_queries*	每个跃点的查询数
w *Time-out*	指定等待每个应答的时间（以 ms 为单位）

7.7.3　故障实例及排除方法

1. 不能安装网卡

故障分析：

所谓不能安装网卡，是指在 Windows 系统中网卡无法正确识别，查看故障来源的步骤如下：网卡与 PCI 插槽接触是否良好；IO 或 IRQ 是否正确或与别的设备冲突；网卡驱动程序是否正确；系统网络属性设置是否正确。如果还不能解决问题，可以判断为网卡物理性问题。

排除方法：

网卡与 PCI 插槽的接触问题是很容易被忽略的问题。由于机箱的设计误差、钢板的强度、网卡的做工等因素，造成网卡插入主板 PCI 槽时主板变形，网卡不能正确地与 PCI 槽接触，导致通信故障，而且这种问题有可能导致联网时断时续。

一般查看网卡的指示灯可以初步判断网卡与主板是否接触良好，但如果在网卡中插入回路环，在系统中使用 ping 命令，ping 本机 IP 地址指示灯不闪烁，就可以判定是网卡的问题或接触有问题。

计算机上安装过多其他类型的接口卡，造成中断和 I/O 地址冲突。可以先将其他不重要的卡拔下来，再安装网卡，最后再安装其他接口卡。或者试着将网卡换一个 PCI 插槽。

网卡驱动程序不正确也会导致网卡无法正常工作。

2. 客户端无法连接服务器（ping 不通服务器）

故障分析：

客户端无法连接服务器有下面几种可能：IP 地址不在同一网段或子网掩码不同；物理链路不正常。对物理链路问题，需要按照下面的步骤去查看、分析、解决故障：网卡与网线的接触问题；网线与交换机的接触问题；交换机与服务器的连接问题。

排除方法：

对于这种故障的软件设置故障，查看客户机的网络属性即可判断是否 IP 地址网段不同或子网掩码不同。

物理链路问题的解决方法如下：

（1）检查网线和网卡是否接触良好：将网线拔出，检查水晶头是否压制合格、是否有导线与弹片接触不良，如果怀疑水晶头没压好，需重新压制；然后将网线插入网卡，在主机加电的情况下网卡的指示灯会亮。如果问题还存在，则进行下一步分析。

（2）检查网线中间是否有断路：既可以用测线仪的子母端分别连接网线两头，也可以把网线一端接交换机或网卡（计算机加电），另一端接测线仪母端，若测线仪的 1、2、3、6 指示灯闪烁，可以排除网线问题（注意线序）。如果问题还未解决，则进行下一步分析。

（3）检查网线与交换机接触情况：确保客户机加电，网卡的指示灯亮，查看交换机或集线器对应的端口指示灯也应该亮或闪烁。需要特别注意的是，有些集线器长时间工作可能导致有部分端口不正常，可用如下办法判断：接入该集线器的计算机以前工作正常，突然有两台以上计算机不能正常联网，但网卡和集线器的指示灯都正常，ping 服务器或其他能正常联入网络的计算机 IP 地址时提示为 "Destination Unreachable"（目标机器无法到达），这时可将集线器的电源切断，停一会后再次接通可暂时解决问题，长远考虑应更换集线器。

3. 在查看"网络"时出现"无法浏览网络。网络不可访问。想得到更多信息请查看'帮助索引'中的'网络疑难解答'专题"的错误提示

（1）是 Windows 启动后要求输入 Microsoft 网络用户登录口令时，单击"取消"按钮造成的。如果要登录 Windows 服务器，必须以合法的用户登录，并且输入正确口令。

（2）系统还没有启动完毕，需要等一段时间（视 CPU 和操作系统的综合处理速度而定），系统才能完成网络设置的初始化和网络中计算机的信息采集。

（3）与其他的硬件有冲突。打开"控制面板"→"系统"→"设备管理"，查看硬件的前面是否有黄色的问号、感叹号或者红色的问号。如果有，必须更改这些设备的中断和 I/O 地址设置。

4. 在"网络"中只能看到本机的计算机名

网络通信错误，一般是网线断路或与网卡接触不良，也可能是集线器有问题。

5. 可以访问服务器，也可以访问 Internet，但无法访问其他工作站

（1）如果使用了 WINS 解析，可能是 WINS 服务器地址设置不当。

（2）检查网关设置，若双方分属不同的子网而网关设置有误，则不能看到其他工作站。

（3）检查子网掩码设置。

6. 可以 ping 通 IP 地址，但 ping 不通域名

TCP/IP 协议中的"DNS 设置"不正确，检查其中的配置。对于对等网，"主机"应输入自己计算机的名字，"域"不需输入，DNS 服务器应输入自己的 IP 地址。对于服务器/工作站网，"主机"应输入服务器的名字，"域"应输入局域网服务器设置的域，DNS 服务器应输入服务器的 IP 地址。

7. 网络上其他的计算机无法与我的计算机连接

（1）确认是否安装了该网络使用的网络协议，如果要登录到域，还必须安装 NetBEUI 协议。

（2）是否安装并启用了文件和打印共享服务。

（3）如果要登录到 NT 服务器网络，在"网络"属性"主网络登录"中，应选择"Microsoft 网络用户"，并选中"登录到 Windows 域"复选框，在 Windows 域中输入正确的域名。

8. 安装网卡后计算机启动的速度变慢

可能在 TCP/IP 设置中设置了"自动获取 IP 地址"，这样每次启动计算机时，计算机都会搜索当前网络中的 DHCP 服务器，对于没有 DHCP 服务器的网络，计算机启动后速度会大大降低。解决的方法是指定 IP 地址。

9. 在"网络"中看不到任何计算机

主要原因可能是网卡的驱动程序或协议工作不正常。必要时可以删除驱动程序，重新安装驱动程序或重新安装协议。

10. 别人能看到我的计算机，但不能读取我计算机上的数据

（1）首先必须设置好资源共享。用"网络"→"配置"→"文件及打印共享"，将两个选项全部选中并确定，安装成功后在"配置"中会出现"Microsoft 网络上的文件与打印机共享"选项。

（2）检查所安装的所有协议中，是否设置了"Microsoft 网络上的文件与打印机共享"。选择"配置"中的协议（如 TCP/IP 协议），单击"属性"按钮，确保"Microsoft 网络上的文件与打印机共享""Microsoft 网络用户"已经选中。

11. 在安装网卡后，通过"控制面板"→"系统"→"设备管理器"查看时，报告"可能没有该设备，也可能此设备未正常运行，或没有安装此设备的所有驱动程序"的错误信息

（1）没有正确安装驱动程序，或驱动程序版本不对。

（2）中断号与 I/O 地址没有设置好。有一些网卡通过跳线开关设置，还有一些通过随卡的 Setup 程序设置。

12. 已经安装了网卡和各种网络通信协议，但"文件及打印共享"无法选择

这是因为没有安装"Microsoft 网络上的文件与打印机共享"组件。在"网络"属性窗口的配置选项卡中单击"添加"按钮，在"请选择网络组件"对话框中单击"服务"，单击"添加"按钮，在"选择网络服务"的左边窗口中选择"Microsoft"，在右边窗口中选择"Microsoft 网络上的文件与打印机共享"，单击"确定"按钮，系统可能会要求插入 Windows 安装盘，重新启动系统即可。

13. 无法在网络上共享文件和打印机

（1）确认是否安装了文件和打印机共享服务组件。要共享本机上的文件或打印机，必须安装"Microsoft 网络上的文件与打印机共享"服务。

（2）确认是否已经启用了文件或打印机共享服务。在"网络"属性对话框的"配置"选项卡中单击"文件与打印机共享"按钮，然后选择"允许其他用户访问我的文件"和"允许其他计算机使用我的打印机"。

（3）确认访问服务是共享级服务。在"网络"属性对话框的"访问控制"选项卡中选中"共享级访问"。

14. 无法登录到网络

（1）检查计算机是否安装了网卡，网卡是否正常工作。

（2）确保网络通信正常，即网线等连接设备完好。

（3）确认网卡的中断号和 I/O 地址没有与其他硬件冲突。

（4）检查网络设置是否有问题。

小   结

随着网络应用的发展，网络在各种信息系统中的作用变得越来越重要，人们也越来越关心网络安全与网络管理问题。本章在讨论网络安全重要性的基础上，系统地介绍了网络安全管理的内容、网络管理应实现的功能、网络管理协议、网络安全的技术、常见的局域网故障的诊断与排除方法。通过本章的学习，应理解网络安全管理的基本内涵，掌握维护网络安全的几种技术，如网络病毒的防范策略、网络黑客的防范手段、防火墙的构建技术等，了解常用的局域网测试命令、故障诊断与排除方法。

习　题

1. 网络安全包含哪几方面？

2. OSI 管理功能域是如何划分的？

3. 网络管理的目的是什么？

4. 简述 SNMP 的网络管理模型的构成。

5. 你认为应如何防范病毒的入侵？

6. 防火墙有何作用？有了防火墙是否就一定能保证网络安全？

7. 简述故障诊断排除的过程。

8. 使用"ping"命令连接不通服务器，应从哪些方面查找故障原因？

第8章 局域网组建实例

本章通过家庭网络和中小型办公网络的组网实例，介绍对等网及客户机/服务器网络的组网方法。

8.1 家庭网络的组建

8.1.1 问题的提出与方案选择

随着计算机软硬件及应用的飞速发展，计算机逐渐进入家庭，有的家庭开始拥有两台或两台以上的计算机。如果这些计算机只是单机操作，相互之间进行信息交换时，通常使用可移动磁盘进行，不方便且不安全，另一方面，家用计算机在性能上可能差别很大，有的是当今主流机型，有的可能是已经快被淘汰的计算机，如何做到旧物的有效利用也是大家关心的问题。这里介绍一种好的解决办法——组建家庭局域网。

家庭网络，也叫 SOHO（Small Office and Home Office），就是将家庭中的多台计算机（一般为 2~10 台）连接起来组成的小型局域网。在家庭网络中设置服务器，显然有些浪费资源，所以组建对等式网络是最佳选择，对等式网络组建方便，容易维护，网络中每一台机器都可以共享其他机器上的数据、文件、光驱、打印机及其他设备，基本上可满足家庭的使用要求。

1. 家庭网络的功能

简单地说，家庭网络可提供以下几方面的功能：

（1）多名家庭成员可以在同一时间使用相同的账号访问互联网。

（2）能够连接共享打印机或其他任何计算机外部设备，充分利用有限的资源，以及用户通过家庭网络共享信息，或对重要信息进行网络备份。

（3）可提供全新的娱乐体验，如共同观看 DVD 影片、网上聊天、在线游戏等。

2. 方案选择

组建家庭网络的方法很多，这里主要介绍以下两种方案：

（1）不用交换机的连接：适用两台计算机之间的连接，这种方式投资少。

（2）使用交换机的连接：适用 3 台或 3 台以上计算机之间的连接，这种方式网络速度快、扩展性好，容易自主组建。

3. 操作系统选择

选择操作系统时要考虑计算机的硬件配置、系统的安全可靠性、网络连接的方便性及个人的喜好等几个方面，由于家庭网络中计算机的档次不一，以前低档次的计算机可使用 Windows XP。考虑到系统的安全性、稳定性以及可靠性，目前建议使用 Windows 7 或 Windows 10，用户可根据实际情况选择。

4. 硬件选择

组建家庭网络的硬件设备主要有网卡、交换机和网线。使用集线器也可以实现组网，考虑到目前小型交换机的价格低廉，所以推荐使用交换机。网卡一般集成在计算机的主板上，也可以使用 USB 外置网卡。

交换机的选择要考虑传输速率和端口数量，家庭常见的传输速率有 10 Mbps、100 Mbps、1 000 Mbps 等，端口数有 8 口、16 口等。推荐使用 100 Mbps 交换机。

传输介质也是组建家庭网要考虑的问题。家庭网中常用的传输介质有双绞线、细缆和无线介质，用户可根据计算机的位置和布线要求等实际情况选择。就双绞线而言，可选用 5 类和超 5 类双绞线。

值得注意的是，网卡、交换机、网线三者的传输速率必须一致，否则网络速率只能是传输速率最低者所能提供的速度。

8.1.2　组网实例

1. 选择合适的网络方案

（1）方案一：使用网卡实现双机互联（如图 8-1 所示）。

在所有的双机互联方案中，用网卡连接是最简便、速度最快的一种方式。用户只要在两台计算机中安装网卡，再用双绞线连接到网卡的 RJ-45 接口就可以了。在这种网络中，能够共享文件和硬件设备，以及共享一个账号上网，并可实现 100 Mbps 的传输速率。

所需硬件如下：

① 2 块带 RJ-45 接口的网卡。

② 5 类双绞线一根，RJ-45 水晶头两个。

③ 网络钳（RJ-45）1 把。

方案说明：双机用双绞线直接互联，不需要通过 Hub。

操作要求：由于双机互联的特殊性，尽量避免使用 10/100 Mbps 自适应网卡，以防止可能发生无法连通或连接突然中断的情况。

图 8-1　使用网卡实现双机互联

（2）方案二：使用交换机实现多机互联（如图 8-2 所示）。

对三台（或以上）计算机之间的连接，可用交换机组建星状网络，这种联网方式组建简单，维护方便，便于扩展，具有一定的稳定性和安全性。

所需硬件：

① RJ-45 接口网卡各 1 块。

② RJ-45 水晶头各 2 个。

③ 双绞线若干米。

④ 网络钳（RJ-45）1 把。

⑤ 8 口交换机（带宽 100 Mbps）一个。

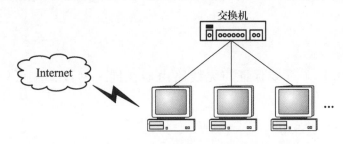

图 8-2　使用交换机实现多机互联

2. 网络的安装与设置

网络安装包括安装网卡和制作网线。需要强调的是，如果采用方案一，制作的网线必须是级联线（交叉线）。将网线插入网卡和交换机的相应插孔，网络的硬件安装就完成了，接下来要进行网络的软件设置。

由于家庭网络属于对等网，每一台计算机都处于平等的地位，因此每一台计算机的配置基本相同，主要包括以下几点：

① 网卡驱动的安装与配置。

② 添加通信协议：家庭网络一般使用 TCP/IP 协议和 NETBEUI 协议，如果用户经常玩一些联机游戏，可选择安装 IPX/SPX 兼容协议，因为许多游戏都需要该协议的支持。

③ 设置 IP 地址和子网掩码：对等网内部一般要指定 IP 地址，可采用 C 类私有 IP 地址配置。

④ 设置计算机标识：家庭网络中的计算机一般设置为相同的工作组，如 MYHOME，计算机名称分别为 01、02……

⑤ 设置文件与打印机共享。

3. 利用无线路由器组建无线家庭网

以家庭中最常见的一台台式计算机进行有线连接、一台笔记本电脑进行无线连接为例。

需用设备：无线路由器一台，RJ-45 双头网线二根。没有配置无线网卡的早期笔记本电脑，需添置内置或外置无线网卡一张。

（1）硬件连接。

无线路由器与上级设备的连接：

将无线路由器的 WAN 口与 ADSL 的输出口或小区宽带 RJ-45 网络接口之间用一根 RJ-45 双头网线相连；用另一根网线，一头连接无线路由器的任意一个 LAN 口，另一头连接台式机的 PCI 有线网卡。

（2）设置计算机。

将台式机和笔记本电脑的 TCP/IP 协议设置成"自动获取 IP 地址"和"自动获得 DNS 服务器地址"。

也可以进行如下设置：

IP 地址：192.168.1.*（要保证与无线路由器在同一网段，* 可以是 2~254 中的任一数字）。

子网掩码：255.255.255.0。

默认网关：192.168.1.1（如更改了路由器 IP 地址，网关地址要进行相应修改）。

首选 DNS 服务器：192.168.1.1（同上）。

备选 DNS 服务器：当地的 DNS 服务器。

（3）设置路由器。

在连接好的台式机上，打开 IE 浏览器，在地址栏中输入该无线路由器的默认地址并回车，进入无线路由管理（默认地址一般是 192.168.1.1，各品牌的无线路由器的管理地址可在说明书中查找）。

在出现的新对话框中输入默认的用户名和密码。例如用户名：admin，密码：admin。

① 在无线路由器"WAN 设置"中选择"使用 PPPoE 客户端功能"，在"用户名"、

"密码"中输入网络供应商提供的用户名和密码,然后选择自动拨号,确定后保存即可。以后无线路由器开机即会自动拨号接入。对于不用进行拨号及认证的小区宽带,在"WAN 设置"中选择"从 DHCP 服务器自动取得 IP 地址"即可;如果网络供应商指定了固定 IP 地址,可在"WAN 设置"中选择手动设定 IP 地址。

② 启用无线路由器的 LAN 设定中的 DHCP 功能,这样才能向台式机及笔记本电脑自动分配 IP 地址。

③ 为避免周边邻居接入你的无线局域网,占用带宽,应该在"无线安全设定"中加设密码,台式机及笔记本电脑在连接时也输入同样的密码就可以连接了,密码只需要验证一次,以后开机会自动连接,不用再输入密码。

以上是无线路由器最基本的设置,除此之外,还可以设置其他参数,例如采用 Mac 地址过滤的办法,在无线路由器的"Mac 存取限制"中启用这种限制,然后把台式机及笔记本电脑的无线网卡的 Mac 地址登入列表,你自己的设备就可以畅通连入,其他未经登记的设备就不能连接进入你的无线局域网了;或者手动设置计算机的 IP 地址等。

经过上述设置后,台式机和笔记本电脑就可以使用同一个 Internet 接入共享上网了。同时,这两台计算机形成了一个小型局域网,按照一般局域网的方法进行设置,就可以实现局域网的功能,比如共享资源、共享打印等。

8.1.3 家庭网络的典型应用

家庭网络组建完成后,可充分发挥其作用,提高计算机使用的效率,实现单机无法实现的功能。家庭网络的主要应用有以下几个方面:

1. 文件与打印共享

通过以上的设置,可实现家庭网内文件与打印机的共享,这是家庭网的主要应用。

2. 共享访问 Internet

家庭网络中的计算机,可以同时接入 Internet,进行浏览网页等操作。

3. 数据集中备份

通过局域网,可以将整个网上的备份数据集中存放在一个存储设备上,如大容量硬盘等。备份时应注意,备份设备应当设置为整个网络的用户所共享访问。

4. 游戏娱乐

在家庭网中可以很方便地进行联网游戏,或同时欣赏 DVD 等。

8.2 中小型办公局域网的组建

随着办公自动化的深入,如何组建一个经济、实用的局域网越来越引起人们的关注。

按网络规模分，局域网可分为小型、中型及大型三类，在实际工作中，一般将信息点在 100 点以下的网络成为小型网络，信息点在 100～500 之间的网络成为中型网络，信息点在 500 以上的称为大型网络，本节介绍中小型网络的组建方法。

8.2.1　中小型办公局域网的结构选型

在组建网络时，首先要弄清企业的建网要求，然后根据具体要求选择合适的网络类型，如果组网仅是为了实现数据和硬件简单的共享，对网络的安全性要求不高，可选择配置简单、维护方便的对等式网络。若对网络安全要求较高，可组建客户/服务器结构网络。

另一方面，考虑到组网的成本、扩充性、安装维护的方便性，建议选择星状以太网络结构，因为这种网络组成较为简单，可选设备多，便于非专业人员日常维护。

在客户机/服务器网络中，客户程序和服务器程序分别运行在不同的计算机上，大大方便了用户的使用，同时增强了客户机的网络功能和系统的兼容性和安全性，因此，在中小型办公局域网中，多采用这种结构。

按使用的连接设备的不同，客户机/服务器网络可以分为共享式和交换式两种类型。

在共享式网络中，使用集线器做互联设备，各用户共享带宽，在交换网络中，由于使用交换机作互联设备，并采用了交换技术，网络用户独占网络带宽，从而提高了网络速度和利用率。因此，交换式网络将成为未来网络的主要方式。

8.2.2　中小型办公局域网的构建

1. 硬件选择

中小型企业办公局域网的硬件设备要比家庭网络复杂一些，除网卡、网线、集线器这些基本的设备以外，还可能用到交换机、路由器和服务器等。根据组网的规模、网速和网络性能的要求不同，这些设备的选择会有所不同。

（1）中心节点选择。

中心节点是网络的核心，它的作用是把网络中的所有计算机汇接在一起，可选的网络设备一般有两种：集线器（Hub）或交换机（Switch）。

集线器是一种"共享式"的设备，它把从任一端口上接收到的信号进行放大，然后由网络中的计算机自行判断是否接收。这样做常常会出现数据阻塞的现象。而局域网交换机是"交换式"设备，可实现数据的点对点的传输，即使网络状态十分繁忙，也能使节点之间的数据交换十分通畅地进行。

交换机主要应用于大中型网络，以及对网络性能比较高的场合。虽然集线器的整体效率远远比不上局域网交换机，但其在价格方面仍然有优势，对于小型办公网络和家庭网络而言，集线器往往是选择的对象。当然，随着交换机的价格下降，使用交换机的情况也越来越多。

集线器最重要的两个参数指标是端口数量和传输速率。端口数的选择需要根据办公网络实际计算机数量而定，一般的 Hub 从 2~24 口都有。如果联网的计算机较多，可以用堆叠或级联的方式把几个 Hub 组合起来，形成一台具有更多端口数的大集线器，不过一般堆叠的层数不宜太多，通常不要超过 4 层。

在中型局域网中，由于规模大，可将其划分为主干网和分支网。目前，主干网的数据传输速率可为 100~1 000 Mbps，分支网的数据传输速率可为 100 Mbps，即当前非常流行的"主干千兆位、百兆位交换到桌面"。在选择交换机时，同样要考虑端口数量和传输速率两个参数，这两点和集线器的选择一致，不同的是，作为主干交换机，一般要选择支持可网管和可划分 VLAN 功能的交换机，而网络规模较大和性能要求高时，可选择三层交换机。

（2）网卡和网线的选择，目前比较常见的选择是 100 Mbps 的 PCI 网卡，采用 RJ-45 插头（水晶头）和 5 类或超 5 类双绞线与集线器连接。由于 3 类双绞线只能实现 10 Mbps 的传输速率，为了让网络的传输速率达到 100 Mbps，选择网线时，应该至少使用 5 类线，最好直接使用超 5 类或 6 类线，以满足未来升级的需求。在选择其他网络设备时，应尽量选用性能好、适用范围宽的产品，同时要注意与网卡、网线的速率的一致性，否则网络的传输速率只能与传输速率最低的设备一致。比如网卡采用 10/100 Mbps 的自适应网卡，交换机至少要使用 100 Mbps 交换机，这样既可充分利用现有的 10 Mpbs 网资源，又可为以后大流量的多媒体信息提供足够的带宽。

（3）服务器的选择。

在选择服务器时，要根据实际需要选购，如果对网络性能要求高，可选用专用服务器，而对组建只有十几台或几十台的小型局域网，在对性能要求不高的情况下，只要将一台硬件配置较高的计算机设置为服务器即可。

2. 中小型企业办公局域网的组网方案

● 方案一：小型办公局域网硬件安装

组建小型局域网的方案有多种，目前大部分都集中在 100 Mbps 快速以太网方案，快速以太网由于其采用集线器/交换机堆叠，因此具有较好的扩展性能，能轻易扩展到高达 100 个节点的网络环境，而其高速度的数据交换和数据存储为小型企业提供了一种高性能的网络平台。本节以 100Base-TX 为标准组建小型快速企业以太网。

例如，某小型公司，工作人员集中在一层楼办公，共 50 个节点，可采用以下方式组网：

（1）所需硬件。

中心节点：选择 10/100 Mbps 自适应或 100 Mbps 堆叠式集线器/交换机，便于用户扩容；

网卡；应选择 10/100 Mbps 自适应网卡或 100 Mbps 网卡。

服务器：配置要比客户机要高。

通信介质选择 5 类双绞线。

（2）组网方法。

一般情况下，用户可直接使用集线器、交换机或者集线器/交换机堆叠来构建 100Base-TX 网络，如图 8-3 所示。

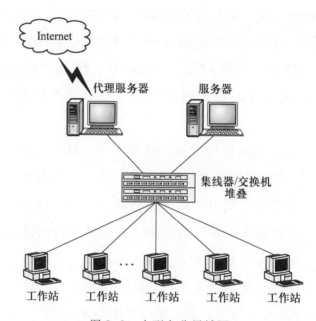

图 8-3　小型办公局域网

操作要求如下：

① 与 10Base-T 网络一样，工作站与集线器之间的距离也不能超过 100 m，因此，100Base-TX 网络的最大长度为 205 m。

② 如果希望通过级联扩充集线器端口，只允许对两个 100 Mbps Hub 进行级联，并且两个 Hub 之间的连接长度不能够超过 5 m。Hub 有两种级联方式：若 Hub 本身带级联口，则两个 Hub 间用正常双绞线连接即可；若 Hub 无级联口，可用级联线连接两个 Hub 的任意两口。

具体的安装方法（如网卡的安装、网线的连接）在本书前面的章节已经讲述，所以此处略去。

● 方案二：集中式中型办公局域网硬件安装

如果企业的所有部门和人员都在同一建筑物内办公，可采用集中式的组网方案。在这种方案中，由于网络节点间的距离都小于 100 m，可采用超 5 类非屏蔽双绞线布线；另一方面，由于节点较多，可将网络连接部分分为两层：核心层和汇聚层。

例如，某公司是一个中等规模的企业，该企业在一栋 4 层的大楼中，其中在 1~4 层共有 120 个计算机节点，组建办公网络。

（1）所需硬件。

① 主干交换机 1 台：1 000 Mbps，要求具有大容量的交换背板，采用模块化机箱式设计，支持多种速率和介质，支持 SNMP 等网管协议。

② 汇聚层交换机 4 台：100/1 000 Mbps，支持 SNMP 等网管协议，能够通过堆叠或增加模块来提高接入端口密度。

③ 服务器：具有 100/1 000 Mbps 的网卡，台数视需要而定。

④ 网卡 120 个：10/100 Mbps 自适应。

⑤ 超 5 类 UTP 双绞线若干。

（2）组网方法。

网络中心与各楼层之间全部采用超 5 类 UTP 建立 1000Base-T 高速网络，汇聚层采用 10/100 Mbps 交换到桌面，网络中心采用高端口密度的千兆位主干交换机，服务器安装 100/1 000 Mbps 自适应网卡，如图 8-4 所示。由于汇聚层采用可堆叠交换机，可根据企业的发展增加堆叠交换机的数量，因此网络有良好的扩展性。另外，由于交换机支持 SNMP 等网管协议，可以方便地通过网络对所有设备的状况进行监控和管理。

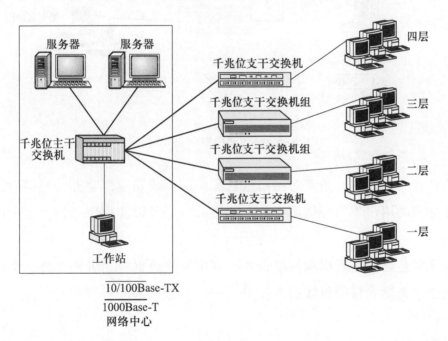

图 8-4 集中式中型办公局域网

● 方案三：分布式中型企业局域网

如果企业分布在一个园区内多处办公，可采用分布式的组网方案。在园区内由于各办公点之间的距离一般大于 100 m，这样必须采用光纤进行布线。分布式网络也具有核心层及楼宇汇聚层两个层次，当某一办公点的接入点较多，也可设置第三个层次：楼宇设备间。

例如，某中等规模的学校，办公楼、教学楼、实验楼和学生宿舍分布在校园中间，各建筑之间的距离小于 500 m，组建办公网，要求信息点有 290 个，分布在各个建筑物中。

　　该方案采用光纤网络扩大网络覆盖范围，由于各建筑之间的距离小于 500 m，故采用 1000Base-SX 的多模光纤建立千兆位主干，当连接超过 500 m 时，则可选择单模 1000Base-LX 长波光纤。中心千兆位交换机可安装 100/1000Base-T 千兆位铜缆模块以连接服务器，另需选配 1000Base-SX 模块以实现各建筑物的接入。该单位的网络拓扑如图 8-5 所示。

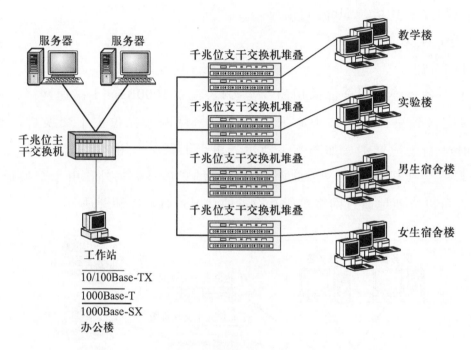

图 8-5　分布式中型企业局域网

　　在网络硬件安装完成后，还要对网络进行配置。当成功地组建办公网络后，经过设置网络共享，各计算机的用户不但可使用本机上的资源，还可以使用服务器上或者网络中其他计算机的资源。

　　共享资源主要包含网络数据和网络设备，其中网络数据包括各种文件、文件夹等，而网络设备包括硬盘、光驱、打印机或扫描仪等。

8.3　无线局域网

8.3.1　无线局域网概述

　　无线局域网是指使用无线信道传输介质的计算机局域网络（Wireless LAN，WLAN），它是在有线网的基础上发展起来的，使网上的计算机具有可移动性，能快速、方便地解决有线方式不易实现的网络信道的连通问题。本节将从无线局域网技术实现、国际标准、联网方式以及主要应用领域等方面介绍无线局域网的有关知识。

无线局域网具有以下优点：

（1）由于采用无线电波做介质，避开了布线的困扰，同时高频无线电波可以穿透玻璃或墙壁，能够满足一定范围内的局部组网。

（2）在开放性办公区、办公场所变化频繁、移动办公、展示会议以及场地条件恶劣不适宜布线的场合，无线局域网具有有线网络无可替代的优越性。

（3）无线局域网构建简单，组网比较容易，管理和维护的技术要求也不高，比如在无线局域网络中就不会发生电缆断线或接头连接等故障。

（4）能够保持与有线网络的兼容，通过接入点设备可以实现无线局域网与有线网络的无缝连接。

（5）对经常变动的办公网络，无线局域网方案比有线网络成本更低。

1. 无线传输介质

无线局域网的基础还是传统的有线局域网，是有线局域网的扩展和替换。它只是在有线局域网的基础上通过无线集线器、无线访问节点、无线网桥、无线网卡等设备使无线通信得以实现。与有线网络一样，无线局域网同样也需要传输介质。只是无线局域网采用的传输介质不是双绞线或者光纤，而是红外线或者无线电波。

（1）红外线（IR）。

红外线局域网采用小于 $1~\mu m$ 波长的红外线作为传输介质，有较强的方向性。由于它采用低于可见光的部分频谱作为传输介质，因此其使用不受无线电管理部门的限制。红外信号要求直线传输，并且窃听困难，对邻近区域的类似系统也不会产生干扰。在实际应用中，由于红外线具有很高的背景噪声，受日光和环境等影响较大，因此一般要求发射功率较高。而采用现行技术，特别是 LED（发光二极管），很难获得高的传输速率（>10 Mbps）。

（2）无线电波（RF）。

采用无线电波作为传输介质的无线局域网依调制方式不同，又可分为扩频方式与窄带调制方式两种。使用扩频方式通信时，数据基带信号的频谱被扩展几倍至十几倍后，再搬移至射频发射出去。这一做法虽然牺牲了频带带宽，但使通信非常安全，基本避免了通信信号被偷听和窃取，具有很好的可用性。特别是直接序列扩频调制方式，具有很强的抗干扰、抗噪声能力和抗衰减能力。同时，由于单位频带内的功率降低，因而可减少对其他电子设备的干扰。另一方面无线局域使用的频段主要是 S 频段（2.4~2.483 5 GHz），这个频段也叫 ISM（Industry Science Medical），即工业科学医疗频段，该频段在美国不受美国联邦通信委员会的限制，属于工业自由辐射频段，不会对人体健康造成伤害。所以无线电波成为无线局域网最常用的无线传输介质。

　　在窄带调制方式中，数据基带信号的频谱不做任何扩展即被直接搬移到射频发射出去。与扩展频谱方式相比，窄带调制方式占用频带少，频带利用率高。采用窄带调制方式的无线局域网一般选用专用频段，需要经过国家无线电管理部门的许可方可使用。当然，也可选用 ISM 频段，这样可免去向无线电管理委员会申请。但带来的问题是，当邻近的仪器设备或通信设备也在使用这一频段时，会严重影响通信的质量，通信的可靠性无法得到保障。

2. 无线局域网主要设备

　　（1）无线网卡（Wireless LAN Card）。

　　无线网卡与普通网卡一样，用来安装在台式计算机或笔记本电脑中，实现无线数据发送和接收。与普通网卡不同的是，无线网卡在其外端一侧增加了一个类似于天线的设备，其数据传输依赖于无线电波，而普通网卡则是通过一般的网线。

　　目前无线网卡的速率主要有 150 Mbps、300 Mbps、450 Mbps 等规格，无线网卡接口类型包括 PCI、PCMCIA、USB 等。

　　（2）无线接入点（Access Point，AP）。

　　无线接入点 AP 主要实现网络的多点访问以及与外部网络的连接，在介质访问控制层（MAC）中扮演无线工作站及有线局域网络的桥梁。其功能上类似于有线网络的集线器（Hub），使多点接入构成以接入点设备为中心的星状网络结构。因此任何一台装有无线网卡的工作站均可通过无线 AP 去分享有线局域网络甚至广域网络之资源。除此之外，无线 AP 本身又具有可网管功能，可针对接入无线工作站作必要的控制和管理。

　　（3）无线路由器（Wireless Router）。

　　无线路由器是将单纯性无线 AP 和宽带路由器合二为一的扩展型产品，它不仅具备单纯性无线 AP 所有功能如支持 DHCP 客户端，支持 VPN、防火墙，支持 WEP 加密等，而且还包括网络地址转换（NAT）功能，可支持局域网用户的网络连接共享。可实现家庭无线网络中的 Internet 连接共享，实现 ADSL 和小区宽带的无线共享接入。

　　无线路由器的端口有 WAN 口、LAN 口。

　　从外形上讲，无线 AP 和无线路由器几乎一样。二者的主要区别是：

　　① 功能方面的区别：无线 AP 主要是提供无线工作站对 LAN 和从 LAN 对无线工作站的访问，在访问接入点覆盖范围内的无线工作站可以通过它进行相互通信。无线 AP 是 WLAN 和 LAN 之间沟通的桥梁。无线路由器就是无线 AP、路由功能和交换机的集合体，支持有线无线组成同一子网。

　　② 应用方面的区别：无线 AP 在需要大量 AP 来进行大面积覆盖的公司使用得比较多，所有无线 AP 通过以太网连接起来并连接到独立的无线局域网防火墙。

　　无线路由器在家庭网络的环境中使用得比较多，无线路由器包括网络地址转换（NAT）

协议，以支持无线局域网用户的网络连接共享。大多数无线路由器包括一个 4 个端口的以太网转换器，可以连接几台有线的 PC。

③ 从组网拓扑图上分析：无线 AP 不能直接跟 ADSL Modem 相连，所以在使用时必须再添加一台交换机或者集线器。大部分无线路由器由于具有宽带拨号的能力，因此可以直接跟 ADSL Modem 连接进行宽带共享。

④ 无线 AP 和无线路由器的价钱相差不多，一般无线路由器会略贵一些。

（4）天线（Antenna）。

无线局域网的天线与一般电视、移动电话所用天线不同，其原因是因为工作频率不同。

天线的功能是将源信号以无线电波的形式传送至远处或从远处接收。一般天线可分定向性（Uni-direction）与全向性（Omni-direction）两种，前者较适合于长距离使用，而后者则较适合区域性应用。

8.3.2 无线局域网主要协议标准

无线网络协议标准是为各种无线设备互通信息而制订的规则。

目前常用的无线网络标准主要有美国 IEEE 所制订的 802.11 标准（包括 802.11a、802.11b、802.11g 以及 802.11n 等标准）、蓝牙（Bluetooth）标准以及 HomeRF（家庭网络）标准等。

1. IEEE 802.11

IEEE 802.11 标准于 1997 年 6 月公布，是第一代无线局域网标准。当时规定了一些诸如介质访问控制层功能、漫游功能、自动速率选择功能、电源消耗管理功能、保密功能等。1999 年无线网络国际标准的更新及完善，进一步规范了不同频点的产品及更高网络速率产品的开发和应用，除原 IEEE 802.11 的内容之外，增加了基于 SNMP（简单网络管理协议）的管理信息库（MIB），以取代原 OSI 协议的管理信息库，另外还增加了高速网络内容。

● IEEE 802.11b

1999 年 9 月通过的 IEEE 802.11b 工作在 2.4～2.483 GHz 频段。802.11b 数据传输速率可以为 11 Mbps、5.5 Mbps、2 Mbps、1 Mbps 或更低，根据噪声状况自动调整。当工作站之间距离过长或干扰太大、信噪比低于某个限值时，传输速率能够从 11 Mbps 自动降到 5.5 Mbps，或者根据直接序列扩频技术调整到 2 Mbps 和 1 Mbps。802.11b 使用带有防数据丢失特性的载波检测多址连接（CSMA/CA）作为路径共享协议，物理层调制方式为 CCK（补码键控）的 DSSS。

● IEEE 802.11a

和 802.11b 相比，802.11a 在整个覆盖范围内提供了更高的速率，其速率高达 54 Mbps。

它工作在 5 GHz 频段，与 802.11b 一样采用 CSMA/CA 协议。物理层采用正交频分复用 OFDM 代替 802.11b 的 DSSS 来传输数据。OFDM 技术的最大优势是其无与伦比的多途径回声反射，因此，特别适合于室内及移动环境。

● IEEE 802.11g

802.11a 与 802.11b 两个标准都存在着各自的优缺点，802.11b 的优势在于价格低廉，但速率较低（最高 11 Mbps）；而 802.11a 优势在于传输速率高（最高 54 Mbps）且受干扰少，但价格相对较高。另外，802.11a 与 802.11b 的产品因为频段与物理层调制方式不同而无法互通，不能工作在同一接入点（AP）的网络里，因此互不兼容。

为了解决上述问题，进一步推动无线局域网的发展，IEEE 802.11 工作组开始定义新的物理层标准 802.11g。802.11g 草案与以前的 802.11 协议标准相比有以下两个特点：其在 2.4 GHz 频段使用正交频分复用（OFDM）调制技术，使数据传输速率提高到 20 Mbps 以上；IEEE 802.11g 标准能够与 802.11b 的 WiFi 系统互相连通，共存在同一 AP 的网络里，保障了向下兼容性。这样原有的无线局域网系统可以平滑地向高速无线局域网过渡，延长了 IEEE 802.11b 产品的使用寿命，降低用户的投资。2003 年 7 月 IEEE 802.11 工作组批准了 802.11g 标准。

802.11g 在多个方面有很强的优势：

第一，用户需要一种低价、高速的产品，802.11g 标准能够满足用户的这一需求。802.11g 虽然同样运行于 2.4 GHz，但由于该标准中使用了与 802.11a 标准相同的调制方式 OFDM，使网络达到了 54 Mbps 的高传输速率，而基于该标准的产品价格也只略高于 802.11b 标准的产品。

第二，该标准可以满足用户无线网络升级的需求。随着用户应用的增加，无线网络的性能成为制约应用的瓶颈。因此用户为满足应用，必须对现有网络进行升级。而出现这种问题的大多是选用了 802.11b 标准的用户。802.11g 的出现为那些准备升级的用户提供了一套可保留原有投资的解决方案。因为 802.11g 不但使用 OFDM 作为调制方式以提高速率，同时，仍然保留了 802.11b 中的调制方式，所以，802.11g 可向下兼容 802.11b。

第三，该标准更能满足运营商的需求。对于运营商而言，在热点地区的无线接入，是它们的业务之一。运营商通常希望通过价格相对较低的产品，为用户提供较高质量的接入服务，增加利润回报。因此 802.11g 标准的诞生可以刺激运营商加大热点地区无线接入设备的投入力度。同时，这种标准的向下兼容性或多或少会降低它们对投资成本的担忧。

随着 802.11g 标准的诞生，双频产品随后也将该标准融入其中，成为全方位的无线网络解决方案。所谓"双频"产品，是指可工作在 2.4 GHz 和 5 GHz 的自适应产品，也就是说，可支持 802.11a 与 802.11b 两个标准的产品。由于 802.11a 和 802.11b 两种标准的设备互不兼容，用户在接入支持 802.11a 和 802.11b 的公共无线接入网络时，必须随着地点而更换无线网卡，这给用户带来了很大的不便。而采用支持 802.11a/b 双频自适应的无线局域网产品就可以很好地解决这一问题。双频产品可以自动辨认 802.11a 和 802.11b 信号并支持漫游连接，使用户在任何一种网络环境下都能保持连接状态。54 Mbps 的 802.11a 标准和 11 Mbps 的 802.11b 标准各有优劣，但从用户的角度出发，这种双频自适应无线网络产品，无疑是一种将两种无线网络标准有机融合的解决方案。

可与三个标准互联的产品称为"双频三模"产品，就是运行在两个频段，支持三种模式（标准）的产品，即同时支持 802.11a/b/g 三个标准的自适应无线产品。通过该产品，可实现目前大多数无线局域网标准的互联与兼容。

- IEEE 802.11n 标准

802.11n 标准发布于 2009 年 9 月，其目的主要是为了提升 WLAN 的吞吐性能。相比之前的 802.11a/b/g 标准，802.11n 引入了许多新的技术，如 OFDM（正交频分复用技术）、MIMO（多入多出）技术等。借助于这些新技术，802.11n 网络的接入速率最高可达 600 Mbps。为了保持与旧标准的兼容性，802.11n 沿用了 802.11a/b/g 所用的频带资源，即 802.11n 的工作频段和信道资源与 802.11a/b/g 保持一致。

随着 802.11n 标准的正式发布，各个无线厂家的 802.11n 的产品无论是种类还是性能都会得到很大的提升，不同厂家的产品之间的兼容性和互通性也会得到提高。同时 802.11n 技术的逐渐成熟、802.11n 产品的逐渐丰富以及 802.11n 产品价格不断下降等诸多因素都会促使用户选择 802.11n 技术构建自己的无线网络，将使无线局域网从补充地位变为一个主要的网络服务。

- IEEE 802.11ac

802.11ac 是 802.11n 的继承者，它通过 5 GHz 频带进行通信。理论上，它能够提供最少 1 Gbps 带宽进行多站式无线局域网通信，或是最少 500 Mbps 的单一连接传输带宽。它采用并扩展了源自 802.11n 的空中接口概念，包括更宽的 RF 带宽（提升至 160 MHz）、更多的 MIMO 空间流（增加到 8）、多用户的 MIMO 以及更高阶的调制（达到 256QAM）。

2. 蓝牙

蓝牙（Bluetooth）是一种无线技术标准，可实现固定设备、移动设备和楼宇个人域网之间的短距离数据交换（使用 2.4~2.485 GHz 的 ISM 波段的 UHF 无线电波）。蓝牙可连接多个设备，克服了数据同步的难题。

蓝牙由蓝牙技术联盟（Bluetooth Special Interest Group，SIG）管理。蓝牙使用扩频（Spread Spectrum）技术，在携带型装置和区域网络之间提供一个快速而安全的短距离无线连接。它提供的服务包括网际网络（Internet）、电子邮件、影像和数据传输以及语音应用，延伸容纳于 3 个并行传输的 64 Kbps PCM 通道中，提供 1 Mbps 的流量。

蓝牙无线技术既支持点到点连接，又支持点到多点的连接。蕴藏在便携式计算机、手机及其他外设的转发设备中，可以使这些设备在各种网络环境中进行通信。现在的规范允许 7 个"从属"设备和一个"主"设备进行通信。几个这样的小网络（Piconet）也可以连接在一起，通过灵活的配置彼此进行沟通。在同一个小网络中的设备有同步的优先权，但是其他设备也可以通过设置，在任何时候加入其中。这种网络的拓扑结构可以被描述为一个由灵活的、多个小网络组成的结构。更进一步，小网络或者单个设备可以和固定的使用蓝牙无线技术的访问点（Access Points）及附近其他蓝牙小网络相连。遵循蓝牙协议的各种应用都保证简单易用的安装和操作、高效的安全机制和完全的互操作性，从而实现随时随地的通信。

蓝牙技术已在多个领域迅速发展，其典型应用环境包括个人娱乐（便携式电子设备）、无线办公环境（Wireless Office）、汽车工业、信息家电、医疗设备等。

3. 家庭网络的 HomeRF 标准

HomeRF 工作在 2.4 GHz 频段，它采用数字跳频扩频技术，最高传输速率可达到 1.6 Mbps，可以连接家庭电脑以及其他支持 HomeRF 协议的产品。

目前来看，由于 IEEE 802.11b/g/n 技术无论在性能、价格各方面均超过了蓝牙、HomeRF 等技术，逐渐成为无线局域网应用最为广泛的标准。由于 IEEE 802.11b/g/n 技术的不断成熟，在全球范围内正在兴起无线局域网应用的高潮。

4. HiperLAN 技术与标准

HiperLAN 是应用在欧洲的无线局域网通信标准集合中的一种，包括 HiperLAN/1 和 HiperLAN/2 两类。虽然 HiperLAN/1 和 HiperLAN/2 标准均采用 5 GHz 的射频频率，但是它们的上行速率却不同，其中 HiperLAN/1 上行速率可以达到 20 Mbps；HiperLAN/2 与 3G 标准兼容，上行速率可以达到 54 Mbps。此外，HiperLAN 标准还提供了类似于 IEEE 802.11 无线局域网协议的性能和能力。HiperLAN/2 网络中，移动终端（Mobile Termial，MT）通过接入点（Access Point，AP）接入固定网，而 MT 与 AP 之间的空中接口即由 HiperLAN/2 协议来定义。一个 AP 所覆盖的区域定义为一个小区，在室内一个小区的覆盖范围一般为 30 m，在室外一般为 150 m。HiperLAN/2 网络中，在特定时间点，移动终端只能与一个接入点进行通信，但无线终端 MT 可以在 HiperLAN/2 网络中自由移动，并保持与网络间良好的传输性能。而且在移动过程中，无线网络能够自动进行无线频率配置，从而摆脱了原来的无线网络频率规划，大大提高系统配置便捷性。

8.3.3 无线局域网连接方式

1. 点对点对等网络（Ad-Hoc）

对一个规模不大、办公环境比较集中的公司或部门，可以建立点对点的无线内部对等网

络。在对等工作模式下，只需在每一台连接的计算机中增加一块无线网卡，无须接入点设备
AP。除了网络是通过无线实现连接外，网络功能与
有线对等网络完全相同。如果其中有一台计算机与
外部网络连接，通过将其配置成网关，网络中的其
他成员还可以访问外部网络。由于网络中没有接入
点设备，因此网络成员之间只能实现点对点的访
问，无法同时建立与多台计算机之间的访问通道，
如图 8-6 所示。

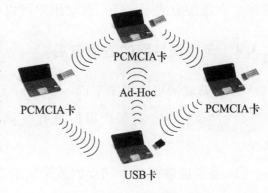

图 8-6　点对点对等网络

2. 单接入点网络

如果要实现无线网络的多点访问，就必须增加无线接入点设备，通过接入点设备，用户
还可以很方便地实现与有线网络（局域网或广域网）的连接。根据现场环境不同，按照
IEEE 802.11b 标准，室内网络覆盖范围在 35～100 m 之间，如果用户办公环境满足此要求，
那么就可以选择单接入点方案。

在单接入点无线网络中，所有网络用户以接入点设备为主节点，构成星状网络拓扑结
构，并通过接入点设备的 10Base-T 或 100Base-T 以太网接口接入有线网络。如果用户还需
接入 Internet 等公共网络，只要在接入点前端增加路由设备，或者通过 ISDN 或 ADSL 设备接
入互联网，如图 8-7 所示。

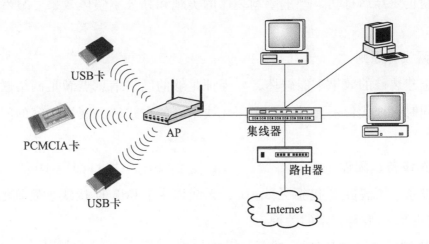

图 8-7　单接入点网络

3. 多接入点及漫游网络

当公司办公场所分布较散、单接入点无法覆盖整个网络时，就必须根据实际需要增加多
个接入点设备。根据网络规模不同，各接入点的连接方式也不一样。对中小规模的网络可以
通过无线中继技术建立接入点之间的连接，从而扩展网络覆盖范围；对规模较大的网络则需要
借助有线网络的优势，各接入点建立各自范围内的无线局域子网，再通过接入点接入有线网

络，各接入点之间通过有线网络建立连接，必要时各接入点还可以实现与移动通信类似的漫游连接。在漫游方式下，任一移动用户可以在整个网络覆盖范围内保持与局域网的无线连接。

8.3.4　无线局域网的适用范围

无线局域网可应用于下面一些领域：

① 希望在企业内部获得传统有线网络之外的移动功能的 IT 专业人士或高级商业管理人员。

② 需要能够在整个站点内或选定的区域内灵活而频繁地改变 LAN 布线的人员。

③ 单位地点因建筑物或预算的限制（如临时租赁的办公地点）而不适合使用 LAN 布线的公司。

目前，无线局域网络的典型应用包括医院、学校、金融服务、制造业、服务业、公司应用、公共访问等。据 Gartner 对全球无线局域网设备的预测。

8.3.5　无线局域网应用实例

1. 实际需求

某公司规模扩大，工作人员迅速增加，需要增加信息点 30 个，新网络和原网络要实现互联、互通，共享出口带宽。由于装修时没有充分考虑信息点的冗余，布线数量远远不够，即使交换机级联也要穿墙打孔，严重影响装修的美观和办公室整体效果。显然，综合布线不很适宜。

2. 网络组网设计原则

由于公司土建装修的效果不能破坏，要保证足够的网络信息点满足网络联网、扩容和工作实际需求，同时保证代价不要过大。采用无线组网的方式解决网络扩容的问题是较为合适的方案。

3. 无线网络设备、配件

无线网络设备、配件主要包括无线 AP、无线网卡、USB 连接线、普通直连双绞线等。其中，无线 AP 设备选型是方案的关键。

4. 组网网络拓扑图（参见图 8-7）

5. 操作步骤

整个过程分成如下几个步骤完成。

① 安装 AP USB 驱动程序。

② 安装 AP 配置程序。

③ 完成对 AP 设备参数的具体配置。

④ 在终端安装无线网卡和驱动程序。

小　结

　　家庭网络是目前用途比较广泛的一种小型网络的代表，由于家庭网络中的计算机数量较少，一般组建对等式网络，本章介绍了双机的网卡互联方案和多机采用交换机组建的星状网络方案；办公网按规模可分为小型、中型、大型三种。小型网络可组建对等网，也可采用客户机/服务器网络，可视具体情况而定；中大型办公局域网一般组建客户机/服务器网络，这样可充分发挥网络性能，提高安全性。组网时，首先要弄清单位的实际情况，如用户规模和位置、组网目的等，然后选择合适的方案；无线局域网是指使用无线信道作传输介质的计算机局域网络，它是在有线网的基础上发展起来的，使网上的计算机具有可移动性，能快速、方便地解决有线方式不易实现的网络信道的连通问题。当前，全球新一轮科技革命和产业变革深入推进，信息技术日新月异。5G与工业互联网的融合将加速数字中国、智慧社会建设，加速中国新型工业化进程，为中国经济发展注入新动能，为疫情阴霾笼罩下的世界经济创造新的发展机遇。

郑重声明

高等教育出版社依法对本书享有专有出版权。任何未经许可的复制、销售行为均违反《中华人民共和国著作权法》，其行为人将承担相应的民事责任和行政责任；构成犯罪的，将被依法追究刑事责任。为了维护市场秩序，保护读者的合法权益，避免读者误用盗版书造成不良后果，我社将配合行政执法部门和司法机关对违法犯罪的单位和个人进行严厉打击。社会各界人士如发现上述侵权行为，希望及时举报，我社将奖励举报有功人员。

反盗版举报电话　（010）58581999　58582371
反盗版举报邮箱　dd@hep.com.cn
通信地址　　　北京市西城区德外大街4号　高等教育出版社法律事务部
邮政编码　　　100120

读者意见反馈

为收集对教材的意见建议，进一步完善教材编写并做好服务工作，读者可将对本教材的意见建议通过如下渠道反馈至我社。

咨询电话　　　400-810-0598
反馈邮箱　　　zz_dzyj@pub.hep.cn
通信地址　　　北京市朝阳区惠新东街4号富盛大厦1座
　　　　　　　高等教育出版社总编辑办公室
邮政编码　　　100029

防伪查询说明

用户购书后刮开封底防伪涂层，使用手机微信等软件扫描二维码，会跳转至防伪查询网页，获得所购图书详细信息。

防伪客服电话
（010）58582300

学习卡账号使用说明

一、注册/登录

访问http://abook.hep.com.cn/sve，点击"注册"，在注册页面输入用户名、密码及常用的邮箱进行注册。已注册的用户直接输入用户名和密码登录即可进入"我的课程"页面。

二、课程绑定

点击"我的课程"页面右上方"绑定课程"，在"明码"框中正确输入教材封底防伪标签上的20位数字，点击"确定"完成课程绑定。

三、访问课程

在"正在学习"列表中选择已绑定的课程，点击"进入课程"即可浏览或下载与本书配套的课程资源。刚绑定的课程请在"申请学习"列表中选择相应课程并点击"进入课程"。

如有账号问题，请发邮件至：4a_admin_zz@pub.hep.cn。